虫の味

Mushi No Aji

篠永　哲
林　晃史　著

八坂書房

まえがき

この頃は、「虫」を見ただけでも「きゃっ」と驚く若者が増えた。公園で遊んでいる子供に、セミを捕って触らせてやろうとすると、「かわいそうだから逃がしてやれ」という。若い母親は、「そんなものを子供に持たせないで」と尻込みする。まして、虫を食べてみることなど、彼らにとっては野蛮な行為であろう。第二次世界大戦の頃に育ったわれわれの世代は、虫を食べるくらいでは驚かない。アシナガバチの巣があれば、なんとかして叩き落として幼虫を食べたし、川原で焚き火をしてトタンの上でイナゴを焼いて食べたりもした。海へいけば遠浅の砂底にワタリガニ、クルマエビ、カレイなどが、岩礁にはタコやサザエなどがいて、子供たちは虫捕り、魚捕りの名人ばかりであった。しかも、現在のような、立派な捕虫網や魚捕りの道具などまったくない時代で、道具はすべて自分で工夫して作ったものであった。自然を相手にしてのこうした遊びは、おもしろいだけではなかった。アシナガバチやオコゼに刺されたり、ヘビに咬まれたりしたこともあった。このような体験は、いま思うと現代の子供たちには経験できない、本当に貴重なものである。

虫を食べる習慣は、日本国内では少ない。そんな中で、信州のザザムシ、ハチの子などは、昔から有名である。また、イナゴは、日本の各地で食べられていたようである。それでも、タイ国のように、マーケットで生きた食材として虫（タガメ、コガネムシ、タランチュラ、タマムシ、ベンケイガニなど）を売っている国にはとても及ばない。アフリカでは、シロアリやゴキブリを食べるところもあるし、ニューギニアでは、大型のナナフシも食べる。それでも、このような食材が得られる所はまだましな方である。

最近の日本国内の環境破壊は凄まじい。「環境を守れ」などと言っても、守るべき環境がほとんどなくなってしまっている。私の育った懐かしい海も、今はヘドロの海と化してしまい、遠浅は埋め立てられて岸壁となり、大型船が着岸している。さほどめずらしくもなかった「ブナ林」が、切手の画材になる時代である。せめて今残っている貴重な生物くらいは守ってほしいものである。人々の生活が自然から切り離されてしまったせいか、虫の存在に過敏とも思える相談が寄せられるのもこの頃の傾向である。このような時代だから、余計に、虫を食べる体験を紹介しようと、専門誌に連載したのがこの本のもとになった。われわれは、それほど悪食の習慣があったわけではないが、この連載をはじめてから、いろいろな体験をした。昆虫類は、単に食物としてではなく、生薬としても多く使われていることがわかったし、食べてみると、意外にもうまいものもあった。

食料難の時代がきたら、「こんな虫まで食べなくてはならないのか」などと悲壮な気持ちではなく、意外に食べられるものだなと、気楽に読んでもらえれば幸いである。

虫の味——目次

佃煮昆虫イナゴ

人間はあらゆる動物のなかでも、最も雑食性の動物である。とにかく、なんでも胃袋の中に収める習性がある。

悪いことに、その気になれば身近にいる動物のほとんどは食べることが可能である。

なお、悪いことには、世間でも「如何物《いかもの》喰い」を通人として奉る傾向すらある。

今回、科学的視点を持ったもの食いとして、昆虫を中心に、体験的な味覚を追ってみたい。

「むし」は、種類が豊富で、親しみ深く手軽に入手可能な利点もある。

イナゴ、バッタは水田地帯に普通に見られる直翅目《もく》に属する昆虫で、世界に数千種が知られ、わが国でもイナゴ科とバッタ科を合わせて七三種があるといわれている。

これらは農業害虫で、アフリカ、アジアで有名なものにサバクバッタ属があるが、このようなものを飛蝗《ひこう》とよんでいる。

イナゴは、わが国でも稲の害虫として古くより知られており、害虫としての概略は次のようである。

イナゴ、バッタは同じ「目《もく》」に属し、食用材料としては同類である。バッタのなかでも食用に供されるのはトノサマバッタ *Locusta danica* である。

なお、日本産のよく知られたイナゴには次の種類がある。

ハネナガイナゴ *Oxya velox* は、本州の中部以南、四国、九州に分布し、イネ、ムギ、トウモロコシなどの若い葉はもちろんのこと、成長したもの、また茎までも食害する。

本種は年一回の発生で、成虫は八月中旬より出現する。

産卵数……………一〇〇個前後

卵期間……………二四〇日前後

幼虫期間…………六〇日前後

イナゴは卵で越冬（土中で）し、植物に対する加害活動は幼虫期から行ない、七月中・下旬の幼虫による被害が著しい。

コバネイナゴ *Oxya japonica* は、わが国に広く分布し、イネなどを加害し、イネの出穂後は穂も食害する。なお、生活史は前種とほぼ同じである。

以上はいずれも食用に供される。


食用に供するためのイナゴ、バッタの採集時期は稲穂が実り、水田が黄金で波打つ頃である。しかし、稲刈り後の方が採るのは容易である。

道具は、布袋の口に輪切りにした竹筒をつけ、イナゴを投入しやすいようにした手製の袋があればよい。著者も子供の頃に、このような袋を手にしてイナゴ採りをした。昔は農山村の子供たちの日課に近い仕事でもあった。

昔の話になるが、第二次世界大戦当時に国民学校の低学年生徒が、農家の害虫防除の手伝いを兼ねて、学校単位でイナゴ採りをしたこともあった。

食糧増産と栄養補給を兼ねた「一挙両得」の作業ではあるが、最初は楽しかったものの、回を重ねるごとに苦痛になった記憶もある。

このイナゴも戦後、DDTやBHCをはじめとする有機合成殺虫剤の導入により、しばらく姿を見ない時期があった。

しかし、昨今では当時より少ないが、各地の水田で発生している。以前ほど盛んに採集している様子もない。

集めたイナゴは大きな袋に入れ替えて、一夜放置し、十分に脱糞させせて、袋のまま煮沸する。煮沸させたものを大きなザルに移し、天日で二、三日乾燥させる。黄褐色にカラリと干しあがる。

○保存食　冬期や季節外れの食用に供するために保存しておくこともある。この場合、煮沸乾燥したものを缶やビニール袋に入れておくだけでもよいが、少量の場合は冷蔵庫に入れておくと保存性がよい。また、目的によっては粉末にして保存することもある。

○佃煮　イナゴの加工品では佃煮《つくだに》が最も多く、一般によく知られている。市販製品はいくつかあるが、著者が食べたうちでは山形産のものが最も良品である。

加工する場合、煮沸乾燥させたイナゴの翅《はね》や脚を取るのも好みによっていずれでもよい。味付けは、砂糖、醤油《しょうゆ》、酒および味醂などを用い、人によっては飴《あめ》をかけるなど、まちまちである。飴や味醂を用いると仕上がりが若干べたつき、イナゴの口ざわりがなくなる。

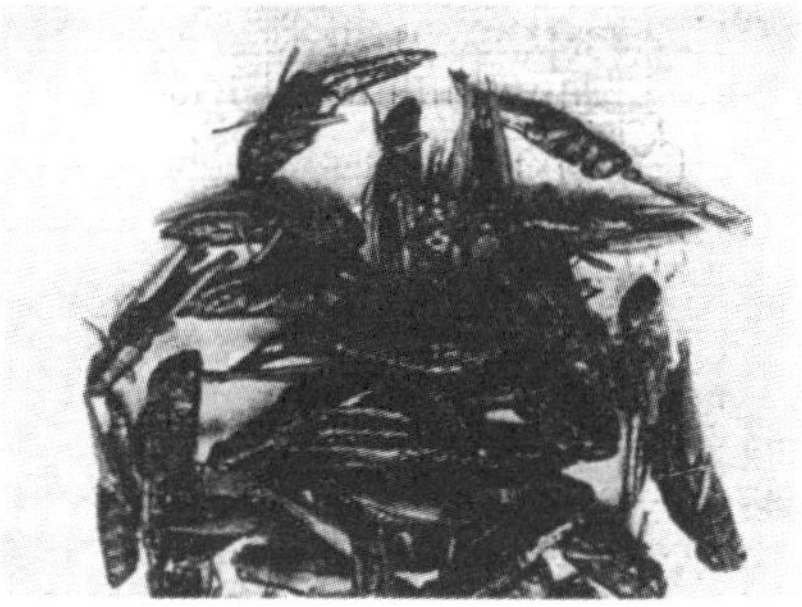

上：加工前の元気なイナゴ
下：煮沸し、乾燥したイナゴ

著者の立ち寄る小料理屋の女将は、指につけてなめながら味つけをする由。なお、ここではイナゴ一握りに水、醬油、酒をコップに半量ずつ、さらに砂糖を若干加えて煮あげる。

○**から揚げ**　煮沸した材料の翅や脚は取らないでもよく、天日乾燥したものを良質の油でサーッと揚げたものを食塩で食べると非常においしい。サクサクとした舌ざわりは、秋の夜長の酒の友に最適である。

○**刺身**　これは、著者の体験的料理で、正式なイナゴ料理ではない。

比較的大きいイナゴを採り、十分に脱糞させて翅と脚を取り除き、腹を開いてよく水洗いしたものを「わさび醬油」で食べる。味はイネ科の植物の青い茎をかじる舌ざわりで、青臭くて、再度食べる気持ちにならない。やはり、昔からのから揚げや佃煮にとどめるべきかもしれない。しかし、予想よりよかったのは「天ぷら」で、衣をたっぷりと用いるのがおいしく揚げるコツである。

イナゴ、バッタを食べて問題をおこした例はわが国では聞かない。外国の例に、バッタの脚を食べて胃腸障害をおこしたのがある。

イナゴ、バッタの味は上等とはいえないまでも、虫味《むしあじ》としては上の部に属する。

（H）

ハチの子

ハチの子は、イナゴやザザムシとともに信州地方で食用にされる昆虫として有名である。種類は、地方名で「ジバチ」とよばれるクロスズメバチ *Vespula lewisi* が主だが、他の種シダグロスズメバチなども混じっている。ジバチの巣の見つけ方、採り方は有名だ。カエルなどの小さな肉片に真綿をくくりつけて餌をあさりに来た働き蜂に与える。ハチはそれを巣に運ぶのだが、そのハチを山越え、谷を越えて追っかけて行くのだ。なにしろ、相手は空中を飛んで行き、こちらは地上を走るのだからたいへんな労力である。見失わないように藪の中でもどこでも突進して行かなければならない。

こうして見つけた土中のハチの巣を、花火なども用いて火あぶりにして成虫を眠らせてから巣を掘り出す。こうして集めた巣から、ピンセットなどで幼虫や蛹《さなぎ》を取り出して食べるわけである。料理法はさまざまで、塩焼き、バター焼き、甘露煮をはじめ、ハチの子飯などもある。一般には甘露煮の缶詰が市販されているようである。

先日、ケブカスズメバチ *Vespula simililiana* を巣ごと入手する機会があった。成虫は毒成分の分析に供したが、幼虫と蛹は不要とのこと、早速試食してみた。クロスズメバチ（ジバチ）よりもはるかに大きな幼虫と蛹、中にはもう成虫の形をしたものもあった。巣からとり出したものを生理食塩水で洗って、水切りした後、フライパンでバター焼きにしてみた。バターをたっぷり入れて、醬油《しょうゆ》を少量加えて少し焦げるくらいに焼くととても香ばしい味であった。さすが新鮮なものは、缶詰などとは違うのだ。

最近市販されているハチの子の缶詰には、韓国から塩浸けで輸入したクロスズメバチ属の幼虫やミツバチのオスの幼虫も混じっているそうだ。ハチの子の栄養価は、蛋白質《たんぱく》一五・四％、脂肪三・七％とのことである。蛋白質の含有量は牛肉（一七－一九％）と少しも変わらない。

スズメバチの仲間は、世界で四属五八種知られている。日本には一六種生息している。日本

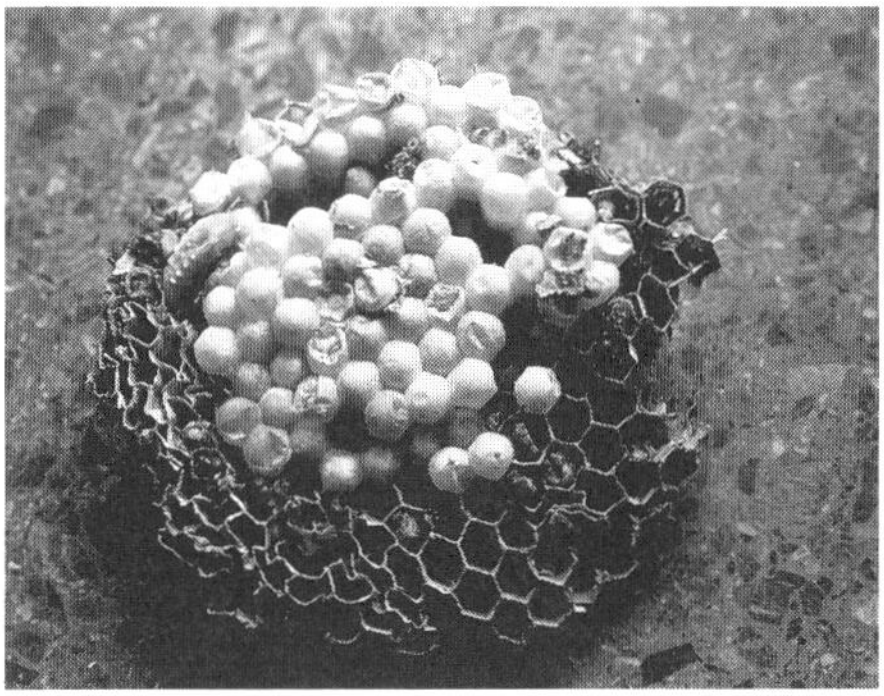

上：ケブカスズメバチの巣
下：ケブカスズメバチの幼虫と蛹

のスズメバチ類は、女王が単独で越冬し、翌春巣づくりをはじめる。巣の材料は、樹皮など植物の繊維を唾液と混ぜ合わせて、パルプ状にしたもので、その模様の芸術的な美しさは何ともいえない。春先の小さな巣から巣立った働き蜂が、次々と大きな巣へと巣づくりをしてコロニーを大きくしていくのである。

キイロスズメバチでは、夏の終わり頃になると、育房数が数千から一万となり、働き蜂が千匹以上にもなることがある。巣づくりの頃から人の刺激を与えられていない巣は、そっとしていれば危険はない。しかし、石をぶつけられたり、巣をいじられたりして、ハチが神経質になっている巣に近づくことはとても危険だ。とくに、秋のキイロスズメバチやコガタスズメバチ、クロスズメバチなどはオオスズメバチに襲われ、幼虫や蛹を奪われて神経質になっているので、突然襲ってくることがある。

というわけで、素人が「ハチの子を採って試食してみよう」などとは考えない方が安全である。ハチの一刺し、アレルギー作用で死亡した例もある。厚生省の統計では、年間約五〇人の人がハチに刺されて死亡している。これは、毒蛇咬症《こうしょう》での死亡者よりもはるかに多い。ハチ刺傷の症状は、ハチの種類によるものとヒトの個人差があるので一概に言えないが、即時におこる全身症状（アレルギー反応）の場合は、とても危険で、気道閉塞による呼吸困難で死亡することもある。また、局所の痛み、発赤、腫脹《しゅちょう》（はれ）などの他に、発熱、頭痛、リンパ節腫脹、関節痛などの遅延症状が出てくることもある。皮膚科の専門医によると、ハチに刺されたときは、アンモニア水よりもタンニン酸親水軟膏や抗ヒスタミン軟膏《なんこう》の方がはるかに有効とのこと。アンモニア水は局所の症状をかえって悪化させるので絶対使用してはならないそうである。ハチの子採りには抗ヒスタミン軟膏をお忘れなく‼

ハチの子の餌は、アシナガバチやハエ類の幼虫など他の昆虫類が主である。スズメバチがハエのウジをかみつぶして肉団子にして運んでいるのがよく見られる。ハチの子はとてもおいしいので、餌のハエの幼虫もうまいかもしれない。そのうち試食してみようと思っている。私どもの教室にきているフィリピンからの留学生の話では、フィリピンにはハエの幼虫を用いるクッキーがあるそうだ。

（S）

ザザムシの佃煮

信州、とくに伊那《いな》地方を旅行するとおみやげの品々に混じって「ザザムシ」の佃煮《つくだに》が見られる。ザザムシは、ゲテモノと言われようとハチの子とならんで信州名産のひとつ。とくに伊那地方の天竜川で採れたザザムシは珍味とされている。ザザムシを佃煮として売りはじめたのは大正のはじめ、缶詰として加工しはじめたのは昭和二三年からだそうである。

ザザムシというのは、砂礫《されき》の多い瀬のザアザアと流れるところを「ざざ」といい、その石ころの上に生息する虫の意で、カワゲラやカゲロウの幼虫のことである。

昭和二八年に出版された伊那の風土記『上伊那誌』の第二節、食習の項を見ると、ざざむし（カワゲラとカゲロウ）、とんぼむし（ヤゴ）、あおむし（ヒゲナガカワトビケラ）、まごたろうむし（ヘビトンボ）などの図が描かれている。これによっても、伊那地方では昔から川で採れる虫をはっきりと分類していることがわかる。最近は、川に生息する虫を総称して川虫とよんでいるとも記されている。

ザザムシは、一二月一日から二月末日まで営業用の鑑札を持っている人が天竜川で採ることができる。川の瀬（ざざ）に、四手網などをあて、上流の川底の礫をくわやじょれんでかきまわすか、ゴム長靴の底に針金のかんじきのようなものをはいてかきまわし、流れてきた虫を採るのであり、この採集法を伊那では「虫踏み」といっている。

前述の『上伊那誌』によると、ザザムシは正月から冬期間のごちそうのひとつであったが、最近は川の汚染で虫の種類も変化し、また数も減ってだんだん貴重品になっているということである。伊那在住の友人によると、現在でも虫踏みの解禁は一二月一日から二月末日とのこと。早速一二月最初に採れたものを送ってもらった。

今は廃刊となっているが『新昆虫』という雑誌（一〇巻六号、一九五七）に、信州大学の鳥居酉蔵先生が「伊那天竜特産ザザムシの記」という記事を書いておられる。当時の値段は、一〇〇匁《もんめ》（約四〇〇グラム）が生で八〇円、佃煮で二〇〇〇円とある。現在は、一〇〇グラムが二〇〇〇円だから、物価の値上がりを考えるとこんなものだろうか。鳥居先生が、この一〇〇匁のザザムシを分類されたのが第1表である。

なるほど、『上伊那誌』にあるとおり、ザザムシの割合は非常に少なく、カワゲラはわずかに三％、七〇％以上が「あおむし」とよばれるヒゲナガカワトビケラの幼虫であった。昆虫類全体で九科九種、他にミズムシやヒルまで混じっているのは驚きである。

さて、現状はどうかと早速一〇〇グラムの貴重なザザムシを一匹ずつ分類してみた。その結果、ヒゲナガカワトビケラ三六五匹、シマトビケラ九匹、ヘビトンボ七匹、ガガンボ三匹であった。なんとヒゲナガカワトビケラが九五％以上を占め、本来のザザムシは皆無であった。これを昭和二八年当時と比べると、ヒゲナガカワトビケラの割合は多くなっているが、上位の三種は同じである。

十数年前、工場廃液などによる水域の汚染、いわゆる公害が問題になりはじめた頃から、水生動植物を指標とする生物学的水質分析が行なわれている。この方法は、一九三〇年頃にすでにドイツのティーネマンらにより提唱され、奈良女子大学の故津田松苗博士により日本にも紹

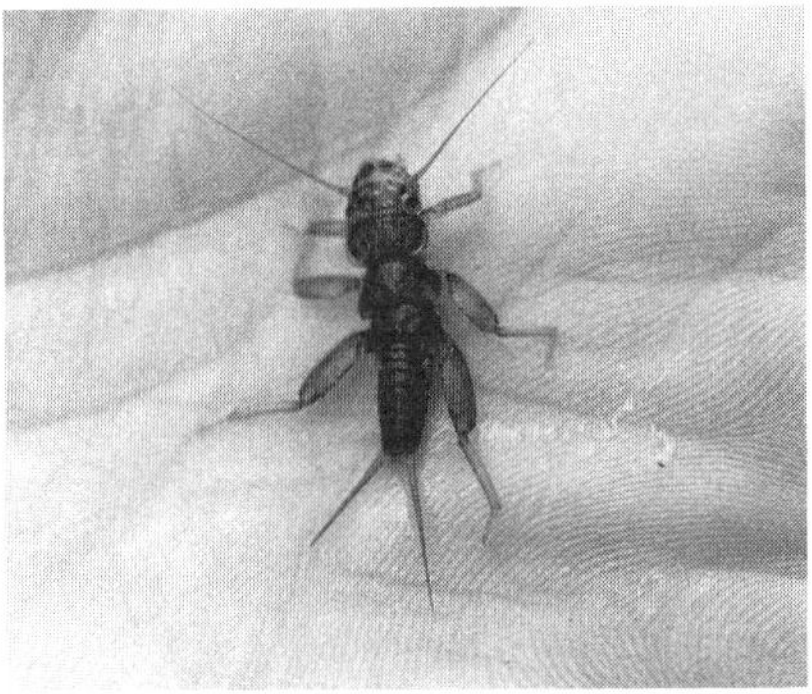

上：カワゲラ
下：ザザムシの中の幼虫たち、上段＝ヒゲナガカワトビケラ、中段＝ウルマーシマトビケラ、中段右＝マゴタロウムシ、下段＝ガガンボ

第１表　ザザムシを構成する種類と個体数（生体量100匁中）

	目	科	種名	学名	俗称	個体数 実数	個体数 %
(1)	毛翅目	ヒゲナガカワトビケラ科	ヒゲナガカワトビケラ幼虫	*Stenopsyche griseipennis*	青虫(×)　イサゴムシ(＋)	1,030	72.85
(2)	〃	シマトビケラ科	シマトビケラ１種幼虫	*Hydropsyche* sp.	〃イサゴムシ(＋)	201	14.22
(3)	〃	ヒゲナガカワトビケラ科	チャバネヒゲナガカワトビケラ幼虫	*Parastenopsyche sauteri*	青虫（×）瀬虫　イサゴムシ(＋)	83	5.87
(4)	脈翅目	ヘビトンボ科	ヘビトンボ幼虫	*Protohermes grandis*	孫太郎虫	81	5.73
(5)	積翅目	カワゲラ科	カワゲラ１種幼虫	*Kamimuria tibialis*(?)	ザザムシ(×)	3	0.21
(6)	鞘翅目	ドロムシ科	ヒタラドロムシ１種幼虫	*Psephenus* sp.		3	0.21
(7)	半翅目	ナベブタムシ科	ナベブタムシ	*Aphelochirus vittatus*		4	0.28
(8)	毛翅目	エグリトビケラ科	カワエグリトビケラ１種幼虫	*Allophylax* sp.	河虫・石虫　イサゴムシ(＋)	2	0.14
(9)	〃	ナガレトビケラ科	ナガレトビケラ１種幼虫	*Rhyacophila* sp.	イサゴムシ(＋)	1	0.07
(10)	等脚目	ミズムシ科	ミズムシ	*Asellus aquaticus*		4	0.28
(11)	顎蛭目	ヒル科	シナノビル（？）	*Myxobdella* sp.(?)		2	0.14
計	7目	11科	11　種			1,414	100.00

介されていた。生物学的水質分析というのは、水生動植物には、

①清水にしか生息できない。

②少し汚染されても生息できる。

③汚染度が強くなっても生息できる。

④強度の汚染でも生息できる。

などさまざまなものがあり、水生昆虫（川虫）では、種ごとにどのような環境に生息できるかわかっている。ザザムシ採りと同じ方法で、川底の一定面積内の水生昆虫をすべて採集し、分類してそれぞれの個体数を数え、清流性の種類が多ければ多いほど水域はきれいであるといえるのである。水生昆虫のランクづけは、ドイツ語からそのまま翻訳して、貧腐水種、弱腐水種、中腐水種、強腐水種の四段階に分けられている。第1表のカワゲラやナガレトビケラは貧腐水種（清水種）、ヒゲナガカワトビケラとシマトビケラは弱腐水種、ヘビトンボは貧～弱腐水種である。ナベブタムシとヒラタドロムシは貧～弱腐水種であるから『上伊那誌』に記されているとおり、昭和二八年頃には、すでに天竜川の汚染がはじまっていたものと推定される。とすると、現在の天竜川は、ヒゲナガカワトビケラの生息環境として最適の状態かもしれない。信州名産「ざざむし」もあおむしくらいにとどめてもらって、これ以上の汚水種はかんべんして

欲しいものである。

さて、私も先日裏高尾《うらたかお》へ出かけザザムシを採ってきた。本当は三月頃、羽化《うか》直前のものが大きくてよいのだが、それでもカワゲラ、ヒラタカゲロウ、ヒゲナガカワトビケラ、シマトビケラ、ヘビトンボなどがたくさん採れた。採集方法は、信州でやっているような大がかりなものでなく、小さな渓流で台所のザルを用いて採った。早速、バター炒めにして試食してみた。新鮮なものは佃煮よりもはるかに美味、とくに孫太郎虫《まごたろうむし》は大きくて食べごたえがある。渓流のザザムシはなかなかおつなものであった。皆さんも試してみてはいかがですか。
（S）

ハエ、非常食となるか

ハエという言葉を聞いて、現在のわれわれの社会で真っ先に思いうかべるのは「不潔な虫」というイメージであろう。最近は、あまりハエを見かけなくなったが、一茶の「やれ打つなハエが……」の句や「男やもめに蛆《うじ》がわく」など昔からハエが人の生活と密接な関係を持っていたことは容易に想像できる。

ハエを食用として積極的に食べる話はあまりない。カナダエスキモーが、トナカイなどに寄生するトナカイバエ *Oedemagena tarandi* を狩り捕ったトナカイの皮下から採り出して食べる話は有名である。この他カリフォルニアのインディアンのある部族は、塩水湖に発生するミギワバエの蛹《さなぎ》を食べるという（西原、一九六八）。また、ヨーロッパでは、チーズに発生したチーズバエの幼虫を食べる人もいるらしい。

薬用としては、生きたキンバエの幼虫を化膿した外傷部に移植し、膿《うみ》を食べさせる話はよく知られている。

現在のわが国でも、ハエを食べる機会がまったくないわけではない。それは、知っていて食べるのではなく、知らぬ間に口に入ってしまうことがあるからである。最近、増加の傾向にある相談事項に、「誤って蛆を食べたがその処置は？」というのがある。

先頃、一人の男が最近よく売れている○×弁当の残りを持ち、保健所の職員に伴われて私の研究所を訪れた。持参した弁当をのぞいてみると、おかずのサケの切身にハエの幼虫が五〇匹ばかりうごめいていた。ご本人の話によると、最初は気づかなかったが、食べているうちに口の中がもじゃもじゃするので吐き出してみるとハエの蛆がみつかったとか。それ以後、何となく不安となり、腹具合いも悪い気がして相談にやって来た次第である。蛆を誤って食べても、一過性のもので体に別状なしということで安心させて帰した。

もう一例は、昨年の夏、ある冷凍食品会社から電話があり、炒飯《チャーハン》用に（エビ、貝柱、アサリ

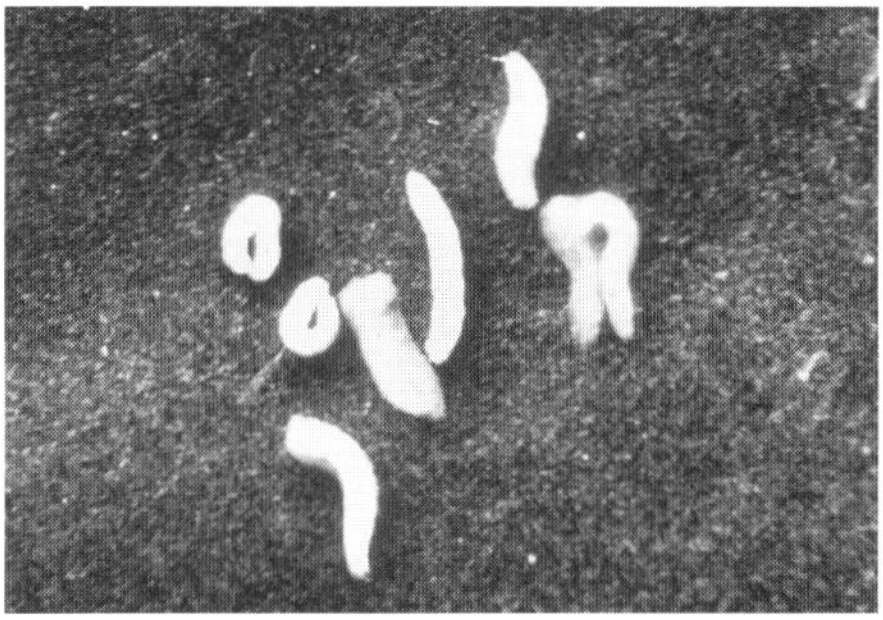

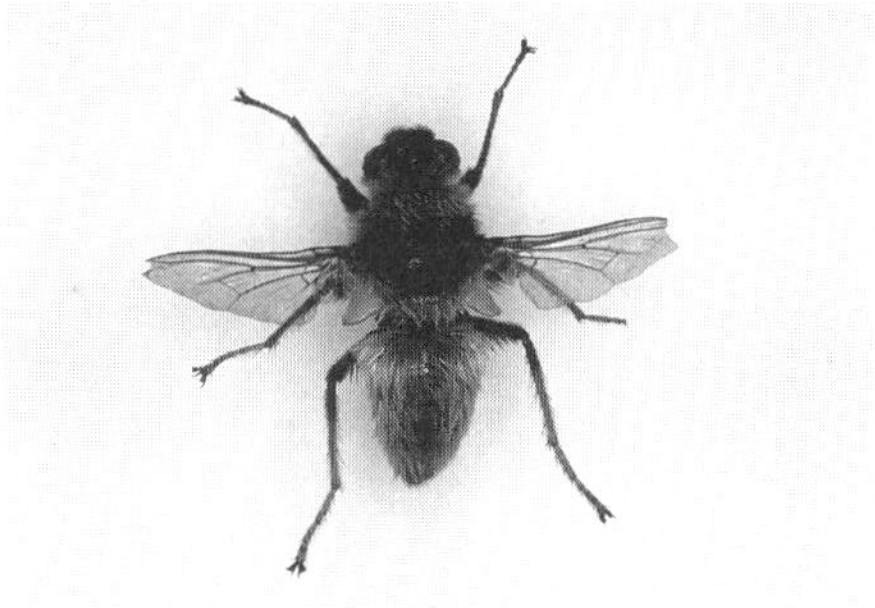

上：チーズバエの幼虫
中：トナカイバエの成虫
下：シリアカニクバエ(メス、成虫)

などを）混合してある冷凍食品中に蛆が混じっていたとの消費者からのクレームがあった。わが社としてはまったく心当たりがない、原因を調べて欲しいとのことであった。早速、蛆の入っているという現物を持って来てもらった。会社から持参したのは、消費者宅で調理した炒飯、昼食用にその混合冷凍食品を用いて調理、自分が食べた残りを子供用に残しておいた。ただ、カバーもしないで食卓上に放置しておいたという。これをよく見るとやはりハエの幼虫が多数うごめいていた。翌日、取り出して調べてみると、ニクバエ（成虫にまで飼育した結果センチニクバエであった）の二齢幼虫であった。

ニクバエ類は、卵胎生で卵を産まず、一齢幼虫を産む。つまりこの炒飯の場合は、食卓上に放置してあった二〇 - 三〇分の間に、屋内に進入してきたメスが幼虫を産みつけて飛び去ったと考えられ、知っていれば何の不思議もない。しかし、消費者側としては、二〇 - 三〇分前に調理したのにハエの幼虫が多数いたのだから驚くのは無理もない。反対に食品会社では、マイナス二〇℃で保存していた原料を混ぜ合わせ、マイナス五℃で保存してスーパーマーケットなどに出荷している。ハエの幼虫が入る機会は皆無であるという。われわれの説明で双方とも納得した。最初の〇×弁当の場合は、ヒロズキンバエであった。これは卵を産むので幼虫がみつかったとすると少なくとも二四時間以前につくられた弁当である。

ネズミ算という言葉があるが、イエバエなどの増え方はネズミの比ではない。ネズミは一度に数匹しか子供を産まないが、イエバエは少なくとも一回に五〇-一〇〇卵、クロバエは四〇〇-五〇〇卵産む。また、親になるまでのサイクルが夏で一二-一四日とネズミよりもはるかに早い。ある人が飼育したところ一ペアのイエバエが一か月後には何万匹にもなったという。ただし、これは飼育室内で育った場合のことで自然界では生まれた卵が成虫にまで成長する率は非常に少ない。しかしこのように簡単に増殖できるハエを食用にと思いついた人もいるのではないだろうか。なんとか食用にならんものかとわれわれも若干の試食をしてみた。

まず増殖であるが、ウナギ養殖用の粉末飼料を水で硬めに練り培地とする。これにイエバエの卵を接種して一週間、見事な幼虫が得られた。これを培地より取り出し、半日がかりで十分に水洗し、乾燥した。摂食中の幼虫は、消化管内に食物が残っているので、蛹化《ようか》直前の前蛹期がよい。これをフライパンでバター炒めにした。ハチの子の場合と同じく、少し焦げ目がつくくらいに炒め、最後に醤油《しょうゆ》を少し加えて出来あがり。味はハチの子とほとんど変わらず、知らなければハチの子と区別がつかないだろう。

次にハエの子の天ぷらを試みた。小麦粉と卵の衣をつけて揚げてみる。たれに大根おろしとショウガを入れて試食した。なんとなくごぼうの天ぷらのようで、それほど悪い味ではない。折りよく訪れた知人に、「珍味ハチの子の天ぷら」と言ってすすめたところ、うまいうまいと言って全部平らげてくれた。これで材料が何であるか知らなければ食用になることがわかった。自然食（?）蛋白源、「ハエの子の佃煮《つくだに》」の商品化は夢であろうか。

（H・S）

九竜虫とミール・ワーム

もうかれこれ二〇年以前になろうか。日本中で九竜虫とよばれる小型の甲虫を飼育して酒などに浮かせて飲むのが流行したことがあった。昭和の初期から、何度か流行をくり返しているそうであるが、このときのものは最も盛んであった。

九竜虫というのは、和名をキュウリュウゴミムシダマシ *Palembus dermestoides* といい、体長約六ミリのゴミムシダマシ科に属する甲虫である。中国では、古くからこれを生きたまま飲んだり、粉末にしたりして薬用として用いているという。薬効は、渡辺武雄（『薬用昆虫の文化誌』東京書籍一九八二）によると「血の流れをよくし、脾臓《ひぞう》と胃を暖める。また五臓、筋骨

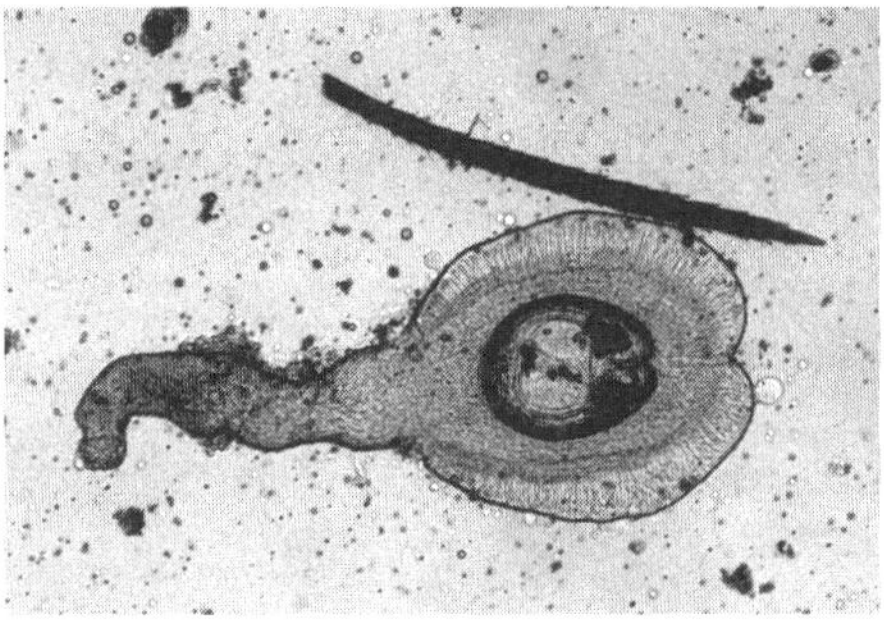

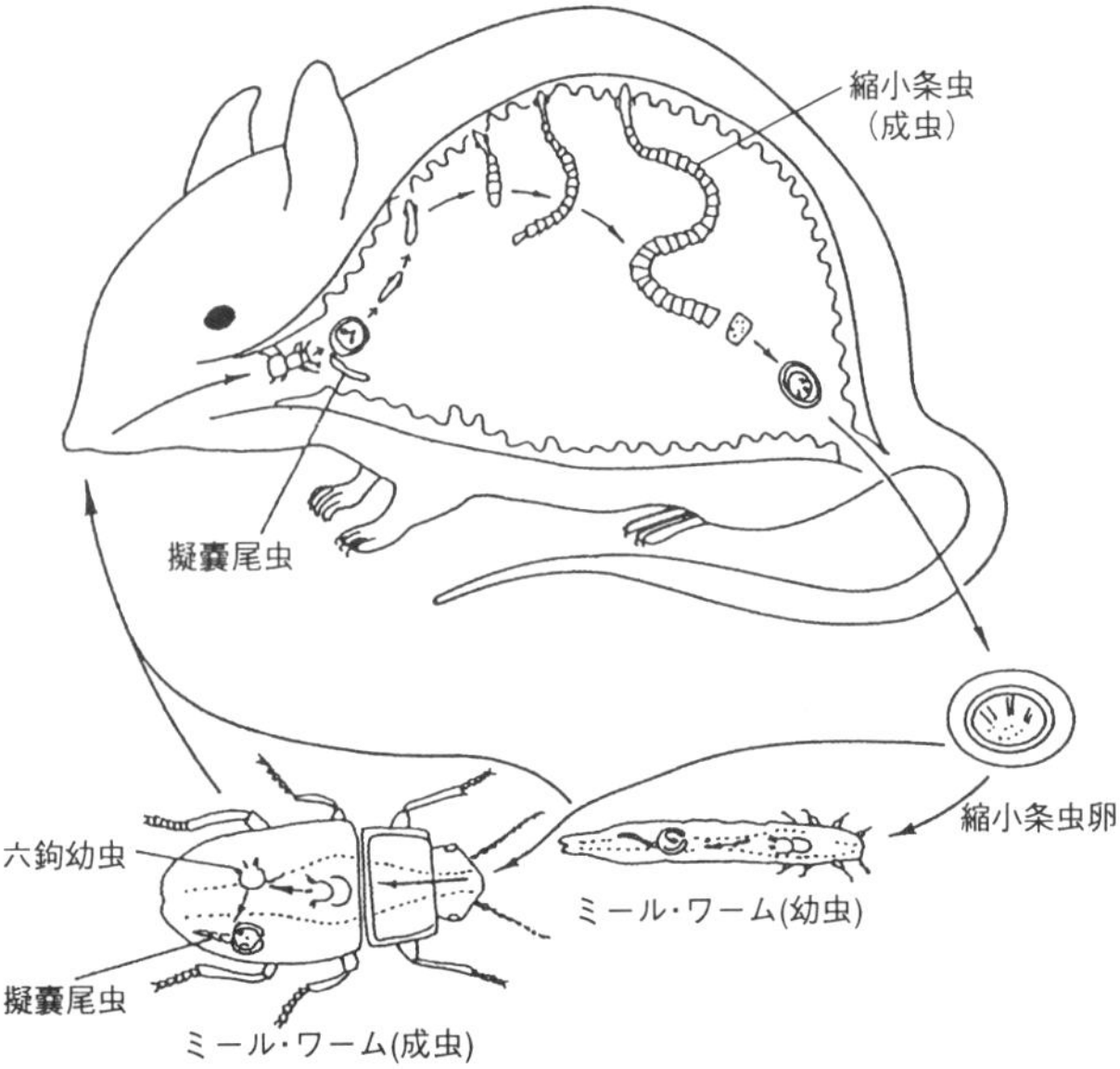

上：縮小条虫の擬嚢尾虫

第1図　縮小条虫の発育史

を健康にし、中風を去らせ、男性機能を盛んにし、虚弱体質を治す」という。以前に流行したのは、バーや飲み屋で強精剤として成虫を二－三匹ウイスキーの水割りや酒に浮かせて飲むという方法であった。ウイスキーとともに九竜虫を注文すると、店の主人がカウンターの下から大切そうにパン屑で飼育している九竜虫を取り出し、二－三匹つまんでウイスキーに浮かせてくれる。客はこれを「いっき」に飲む光景がみられたものである。しかし、これもいつの間にか廃れてしまった。日本人の新しいもの好き、外国物好きの一片であろうか。

廃れた理由は、科学的に九竜虫の薬効が考えられないことと、この虫が小形条虫や縮小条虫というネズミに寄生する条虫（サナダムシ）の中間宿主になると新聞紙上などに報道されたからである。もちろん、これらの条虫はネズミのみでなくヒトにも寄生する。ゴミムシダマシやカツオブシムシなどの甲虫類、コクガやノシメマダラメイガなどとよばれる蛾《が》の幼虫、ネコノミやネズミノミの幼虫、ゴキブリなどが、ネズミの腸管に寄生している条虫の卵を食べるとその体内で卵が孵化《ふか》し、六鉤幼虫とよばれる幼虫が出てくる。この幼虫は、昆虫の体腔に入って擬嚢尾虫《ぎのうびちゅう》という幼虫となる（第1図）。この擬嚢尾虫をもつ昆虫をネズミやヒトが食べると最終的に腸管内で成虫となるのである。

この九竜虫の仲間にコメノゴミムシダマシという甲虫がいる。英名をミール・ワーム（meal worm）といい、最近は、わが国でもそのまま使っている。粉食性で、ふすまなどで大量に飼育することができる。欧米では、ふすまも用いるが、生のジャガイモやバナナの皮を餌としているところもあるようだ。ミール・ワームは、穀粉などの害虫であるが、動物園などでは食虫性の動物の餌としてなくてはならないものである。私も以前にコウモリを飼育していたときに、この虫を与えてみるとうまくいった。はじめはなかなか食べてくれないが、虫をちぎって口のまわりに体液をつけてやると味をしめて自分から食べるようになる。動物園や水族館では、トカゲ、カメレオン、カエルなどの他、テッポウウオ、ニジマスなどの魚類に与えているという。

ミール・ワームは、ペット（主として小鳥）の餌としてペット店で入手できる。アイスクリームを入れるようなカップに餌のふすまを入れ、それに幼虫が約二〇〇匹入っている。これで二〇〇円であった。幼虫の大きさは、成熟すると約三・五センチにもなる。幼虫期間が約一年と長いので、繁殖の効率はよくないが、逆にいつでも幼虫を確保できる利点がある。しかも大型なので食虫動物の餌としては最適である。梅谷献二（『衛生害虫と衣食住の害虫』全国農村教育協会一九八三）によると、ペットの餌として市販されている日本産のミール・ワームは、チャイロコメノゴミムシダマシ *Tenebrio molitor* で、ヨーロッパ原産の種だそうである。日

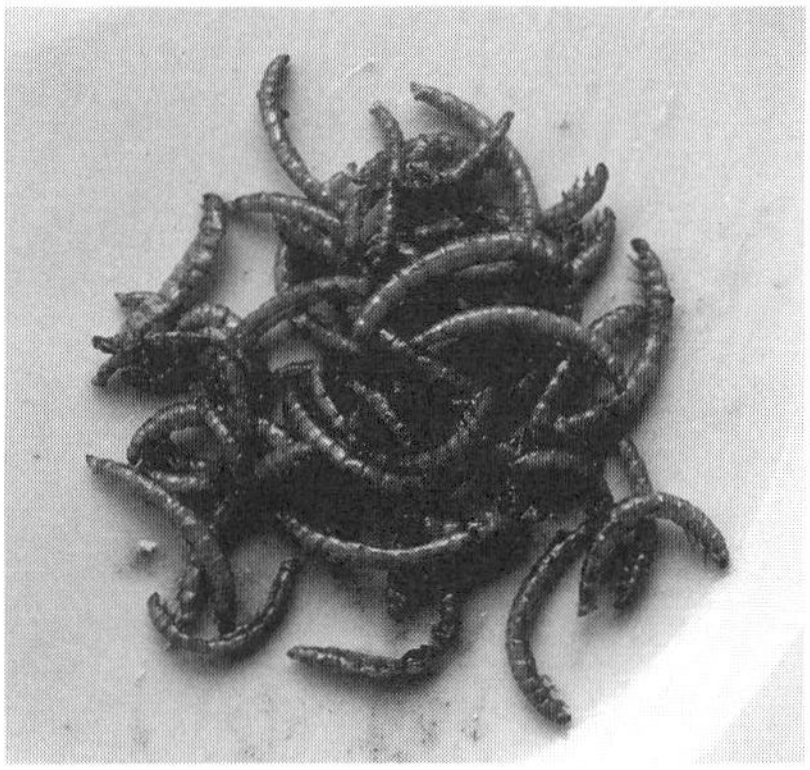

上：市販のミール・ワーム
下：ミール・ワームのバター焼き

本にはいつ定着したのかよくわかっていない。幼虫は、写真のように細長く、少々硬いのだがなんとなくうまそうである。外皮が硬いので、丸ごと鳥のひなに与えると消化しないでそのまま排出されることもある。ペット店で小鳥に与えているのを見たが、小鳥は大型の硬い幼虫よりも、脱皮直後の軟らかい幼虫を好むようであった。大量飼育が可能で、イエバエの幼虫などよりも大きく、外皮もしっかりしているので十分食用になりそうだ。しかし、本種もネズミの条虫の中間宿主となるので、生で食べるのは考えものである。

そこで試しにから揚げにしてみた。油の温度が高すぎたのか、揚げる時間が長かったのか試食してみるとぱさぱさとして、まったく味もなかった。次にバター炒めを試みてみた。バターを十分溶かしておいて、ミール・ワームを一分くらい炒めて、醬油《しょうゆ》を少し加えて出来あがり、これはザザムシと同じような味だ。ハエの子（イエバエの幼虫）よりは、はるかに美味であった。小鳥やトカゲが好んで食べるのもわかるような気がする。しかし、動物園でも、ミール・ワームばかり与えていると、そのうち食べなくなる動物もいるようだ。われわれも同様、いくらおいしいごちそうでも、毎食出されるとあきてしまう。

（S）

ゴキブリは珍味となるか

ゴキブリは生活害虫の代表的な種類とされている。その種類は世界に約四〇〇〇種、わが国でも約五三種が知られている。そのうち、身近に見られるものは五－六種類である。

衛生害虫として知られている主要なゴキブリとその生活史の概要は第1表に示す通りである。地球上に姿を現わしたのは人類よりも古く、今から約二億八〇〇〇年前といわれている。以来、今日まで生き延び、人の生活の場に参入して、病原性細菌類および原虫類を体に付着して機械的に伝播、媒介するなど、決して親近感のわく相手ではない。

第１表　主要ゴキブリ類の生活史概略

和名	ワモンゴキブリ	クロゴキブリ	ヤマトゴキブリ	トーヨーゴキブリ	チャバネゴキブリ
英名	American cockroach	smoky brown cockroach	Japanese cockroach	Oriental cockroach	German cockroach
学名	*Periplaneta americana*	*P. fuliginosa*	*P. japonica*	*Blatta orientalis*	*Blattella germanica*
体長	50mm	33mm	33mm	35mm	20mm
最適活動温度	30℃	30～33℃	30℃	20～29℃	33℃
発生回数（年）	１回	１回	１回	１回	数回
活動時期	４月中旬～10月上旬	４月中旬～10月中旬	４月初旬～11月中旬	３月下旬～11月中旬	通年
卵鞘内日数（１個内の卵数）	29～58日（15）	37～47日（20）	35～50日（16）	37～81日（15）	17～35日（38）
幼虫期間	約161日	182～588日	180～590日	168～910日	42～217日
雌成虫寿命	105～588日	196～301日	200～300日	35～182日	98～182日
卵→成虫所要日数*	155～240日	218～239日	260～280日	290～421日	90～105日
産卵数	年間約800個	年間約300個	年間約280個	年間約200個	年間約２万個
至適環境	温暖多湿なゴミ，地中のダクト中など	温暖多湿な場所庭から屋内	温暖多湿な場所庭から屋内	比較的温度の低いゴミ箱，地下屋内	暖かくて，水に近い乾燥した場所

注）　国内外の各種文献より，＊は林の実験値（27℃）

しかし、反面ではその生命力の強さに対しては、なんとなく神秘的で魅力を感じる。調べてみると、外国船での話であるが、ゴキブリを船員が好んで食用に供したという。しかし、一般的に食用に供したという話はきかない。

今回、この繁殖力旺盛、生命力強靭《きょうじん》なゴキブリの特製料理に挑戦してみた。

○**刺身**　クロゴキブリの頭、翅《はね》および脚を取り去り、消化器を取り除く。この姿は「寿司だね」のシャコによく似ている。これを塩水でよく洗い、水を切ってポン酢で食べる。硬い歯ざわりはよいにしても、ゴキブリ特有の臭気が口に残るが、ホヤの刺身と思えば気にならない。

○**塩焼き**　生きたワモンゴキブリを手でつまみ、頭を引っ張ると消化器などがきれいに抜き取れるので、翅をむしり腹部に塩を少量つめて焼く。

なんとなく、海老を焼くような香ばしいにおいがする。いざ、口に入れる段、ゴキブリと思うとなんとなく気持ちが悪い。思いきって、口に入れると意外にサクサクとして、イナゴの味に似ていた。とくに、美味というほどでもないが、悪い味ではない。

昔、台湾では、ワモンゴキブリを同じような手順で焼いたものを、消化の薬として用いたようだ。この他、鼓腸症、赤ちゃんの疳《かん》の虫に非常に効果的といわれている。日本でも、一部の地域で子供の疳の虫の薬にしていた。

また、黒焼きにして粉末にしたものは感冒や寝小便に効果があるともいわれていた。しかし、著者の経験では寝小便には効果がなかったように記憶している。

○**から揚げ**　四－五日間絶食させたクロゴキブリの翅や脚を取り除き、良質の天ぷら油で、サーッと揚げる。食味の方は、芝えびのから揚げと似ており、ゴキブリと思わずに食べれば問題なし。なお、味塩で食べるのが最もよい。

『漢方絶倫学』なる本に、ゴキブリを油で揚げ、粉にして毎日少量を飲用するとぜん息の薬となるとある。

このぜん息の薬として飲用する話はよく耳にする。効果については、試したことはない。

○**ゴキブリ酒**　正確にはゴキブリの卵鞘《らんしょう》酒である。製造法は、クロゴキブリの飼育箱内に、数日、口の大きい酒徳利を入れておく。二－三日で、徳利の底に十数個の卵鞘が産みつけられる。この徳利を水洗し、酒を入れて燗《かん》をつける。できりだけ熱燗がよい。

酒は外観的には通常のものと差異はないが、若干、色が濃くて琥珀色が強くなる。味は結構で、二級酒が一級酒レベルの味となり特徴がある。

著者は、二年ばかり前に、知らずに三か月ばかりゴキブリ酒を愛飲した。これに気づいたのは、徳利を洗っているとき、何か異物が浮上してくるので、よく調査したところ、これがクロ

上：サツマゴキブリ
下：ゴキブリの卵鞘、ゴキブリ酒の原料

ゴキブリの卵鞘であった。徹底的に洗浄したところ、徳利の底から十数個の卵鞘が出てきた。途端に、気持ちが悪くなったり、心配になったりであった。その時、いっしょに飲んだ姉は、これを聞いて二－三日、ゲー、ゲーとやっていた。

よく調べてみると、西洋では卵鞘をスープや炒め物にして食用に供していたようである。この偶然の発見と思ったコギブリ酒もすでに昔の人は経験していたようだ。

今回、実験的に作った「ゴキブリ酒」を愚息とその友人に飲ませたところ、好評で、しかもゴキブリ酒であることはまったく気づかなかった。

また、安物のウイスキーに卵鞘を二〇個程度入れてしばらく放置すると味に丸みができる。漢方薬として用いられているゴキブリはサツマゴキブリ *Opisthoplatia orientalis* であるが、この効果は強く、肝硬変やアトピー性皮膚炎に効くということである。

いずれにしても、ゴキブリは薬用としてもかなり用いられたようだし、「卵鞘酒」は果実酒的な製品となる可能性は皆無ではない。

そのうち、夏バテの解消には「ゴキブリ料理」をということもあるかもしれない。

（H）

スズメノショウベンタゴ

秋から冬にかけて、木々の葉が落ちはじめると、桜、柿、モミジなどの枝に、長径一センチくらいの写真のようなものが目につく。これは、俗にスズメノショウベンタゴとかスズメノサカツボなどとよばれているイラガ *Monema flavescens* の繭《まゆ》である。この中に蛹《さなぎ》がいる。六－七月頃になると上の部分が丸く割れて成虫が脱出する。このときの繭の殻の形とスズメの尿に似た白っぽいまだらが俗名のおこりであろうか。中の蛹は、淡水魚釣りの餌として重用される。繭を割って釣り針で中の蛹を引っかけてつける。マス、タナゴなどの釣り用の生餌としてタマムシ、ヒョロヒョロムシなどともよばれているようである。

今簡単に「繭を割って」と書いたが、この繭はともに硬くて、指先くらいではなかなか割れない。この繭については、石井象二郎先生が、東京動物園協会発行の『インセクタリウム』という雑誌に、繭のつくり方、模様、硬さの秘密、呼吸などあらゆる角度からやさしく解説している。一読をおすすめします。

ところで、イラガの成虫は毒棘《どっきょく》や毒毛をもっていないが、幼虫は有毒昆虫として有名で、肉質の突起の上に毒棘をもっている。試みに腕の内側で触ってみたところ、電激痛があり、数分すると発赤と膨疹《ぼうしん》が見られた。局部はピリピリとした痛みがあり、その後かゆみが数時間続いた。しかし翌日には跡かたもなく治っていた。この症状は、イラガの他、アオイラガ、クロシタアオイラガ、ナシイラガなどすべて同じであった。秋、柿の木に登っていたいたずらっ子が、イラガに刺されて木から落ちたなどという話がある。いきなりやられれば驚いて手を離すかもしれない。

イラガの毒棘は、川本（一九八五）によると、図のような構造で、毒棘の下部に大きな毒腺《どくせん》細胞があり、分泌された毒液が先端まで満たされている。ヒトの皮膚に毒棘が刺さると先端が折れ、先端近くの割れ目にある感覚受容器で感じ、腺細胞の収縮、接触時の圧によって生じた

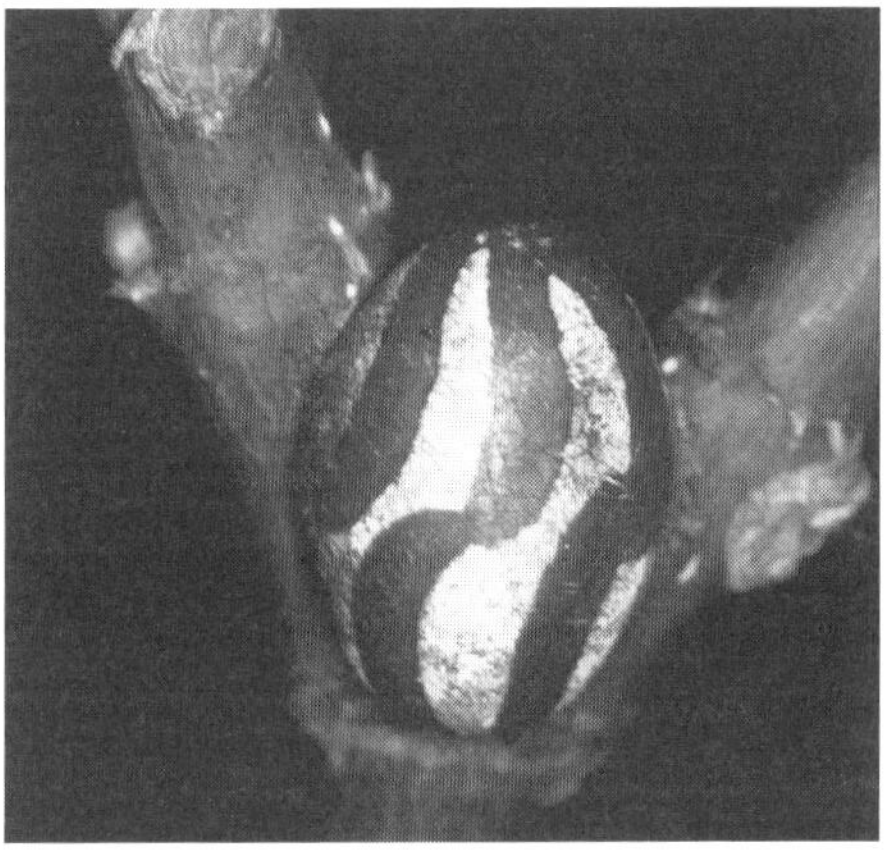

上：スズメノショウベンタゴ(イラガの繭)
下：イラガの繭と取り出した前蛹

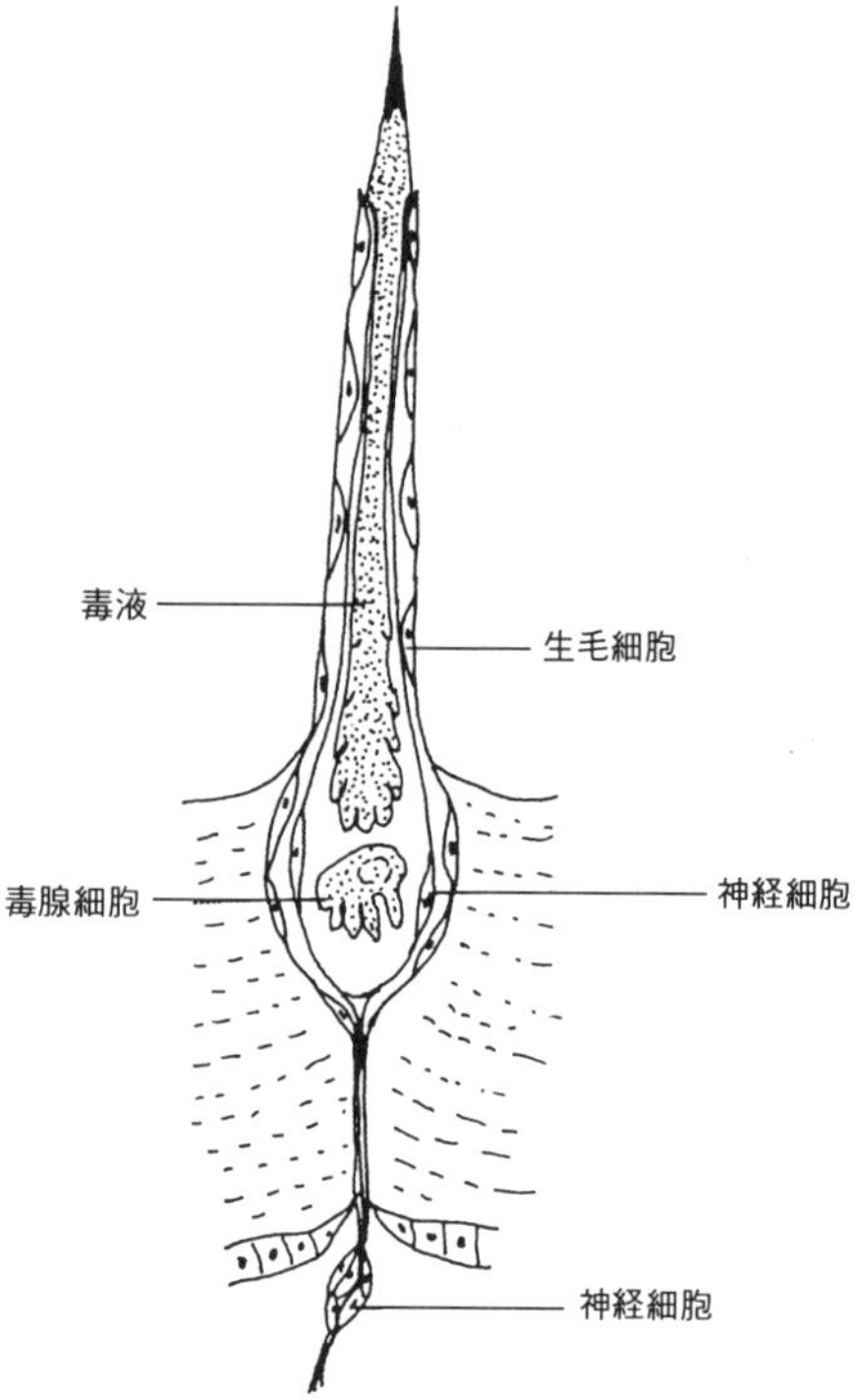

第１図　イラガの毒棘（断面図）

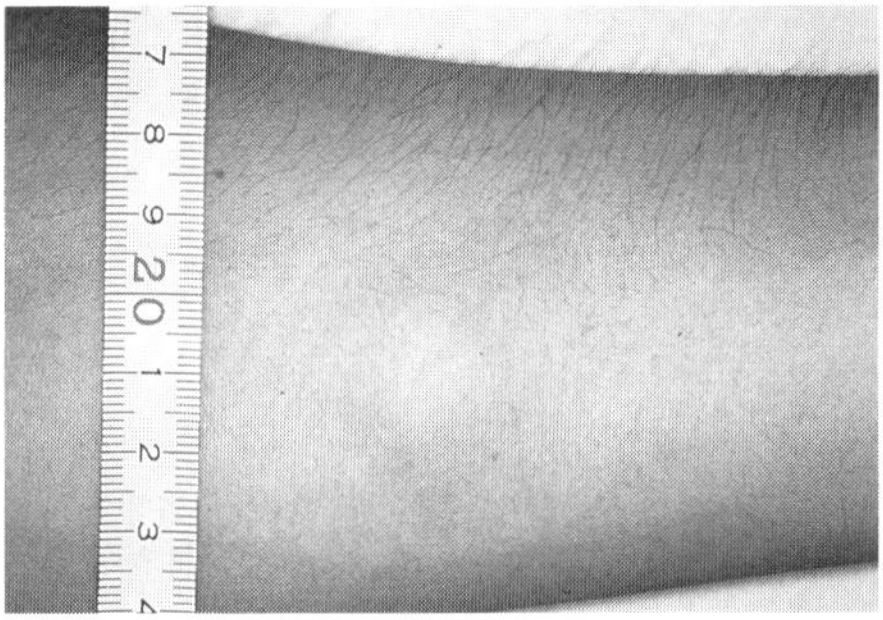

上：イラガの幼虫
下：イラガの幼虫による皮膚炎

反発力により毒液を放出する。したがって、イラガの幼虫が死んだり、脱皮の直前と直後、前蛹期には、毒棘がふにゃふにゃになっているので役に立たない。このようなときにはいくら触っても少しも痛くない。しかし、ドクガやチャドクガは、乾燥標本の毒針毛が触れても皮膚炎がおこる。

イラガの幼虫や蛹も食用にする地方があるそうだ。イラガの幼虫を炒めたり、醬油《しょうゆ》でつけ焼きにするという。なるほど、イラガタイプの毒虫ならば、食用にしても大丈夫だろう。ハチの子の場合には少し違う。今年三月末に川崎市で開催された日本衛生動物学会のシンポジウムは、「ハチ刺症とその対策」であった。現状、症状、防除、生態など活発な意見が述べられたなかで、ハチの子を食べても刺された場合と同じようなアレルギー症状がおこる人があるという話があった。多分、幼虫ではなく、すでに成虫の形をした蛹を生で食べた場合と思う。それにしても、食べても刺されたのと同様の症状がおこるとは驚きであった。

イラガの幼虫の毒成分としては、ヒスタミンが含まれていることがわかっている。しかし、ハチ毒などから分析されている発痛性のアセチルコリンやセロトニンは見つかっていない。ついでだが、イラガ刺傷の治療には、抗ヒスタミン剤入りの軟膏《なんこう》がよいようである。

わが家の裏山には、まだ雑木林が残っていて、イラガの繭も見つかる。少しばかり集めてきて割って見た。前述のごとく、とても硬くて歯で嚙み割ったところ、ぶよぶよの前蛹が入っていた。前蛹はやはり「ふにゃふにゃ」していた。

現在は、まだ幼虫が大きくなっていないので、前蛹を少しばかり炒めて食べてみた。味は、以前に食べたカイコの蛹と同じといってよいだろう。

一言でいえば、昆虫共通の味であった。ハチの子、ザザムシ、ミール・ワームもほとんど変わりない。今後は、幼虫の発生時に、幼虫も試食してみるつもりである。
（S）

参考文献

石井象二郎、イラガの不思議、インセクタリウム、二二巻三号四－一七頁、一九八五。
Kawamoto, F. *Biology and venoms of Lepidoptera.* In *Handbook of Natural Toxins.* Marcel Dekker, Inc., New York (1985).

白身を食った人

どこの動物園を訪れても、「猿島」はかならずといっていいほど人気がある。

花見頃の暖かい日、日だまりで猿の親子が身体を寄せあい、指先で毛をわけて何かを口に運んでいる姿を見かける。

シラミを採っているとか、いや、フケだとか説があるが、ここではどうでもよい。

このような風景は、ひと昔も前には私たちの周辺でも見かけた。母親が日当たりの良い縁側で、娘たちのアタマジラミを採っていた状況を思い出す。

戦後しばらく姿を見せなかった、この懐かしいシラミが、昨今あちこちで多発している。

人を加害するこのシラミは、虱目《しらみもく》に属する昆虫で、正確にはヒトジラミとケジラミの二種とされ、ヒトジラミの中にアタマジラミとコロモジラミの二亜種があるとされている。今日、発生が表面化し、問題になっているのはアタマジラミで、ケジラミも密かに蔓延《まんえん》している様子である。

シラミは、地球上に約一億年の昔から姿を現わしている。その人間との密着ぶりは、人間が衣類を身体にまとうようになって以来、害虫化したといわれるほどである。

日本でも、平安時代の「はやりうた」にまであり、文献的（梁塵秘抄）にも明らかだ。

頭《こうべ》に遊ぶは頭《かしら》じらみ
項《うなじ》の窩《くぼ》をぞ極《きめ》て食う
櫛の歯より天降《あまくだ》る
麻笥《おごけ》の蓋にて命終《めいおは》る

以上のような歌詞が見られるほど、一般的な親近感があふれる虫だったわけだ。

この他、平安末期の書物、『病草紙《やまいのぞうし》』には、ケジラミの被害に泣く女性の歌まである。

シラミは体色が白色であるため、「白身」とか、春先の桜が咲く頃より体表面に現われてく

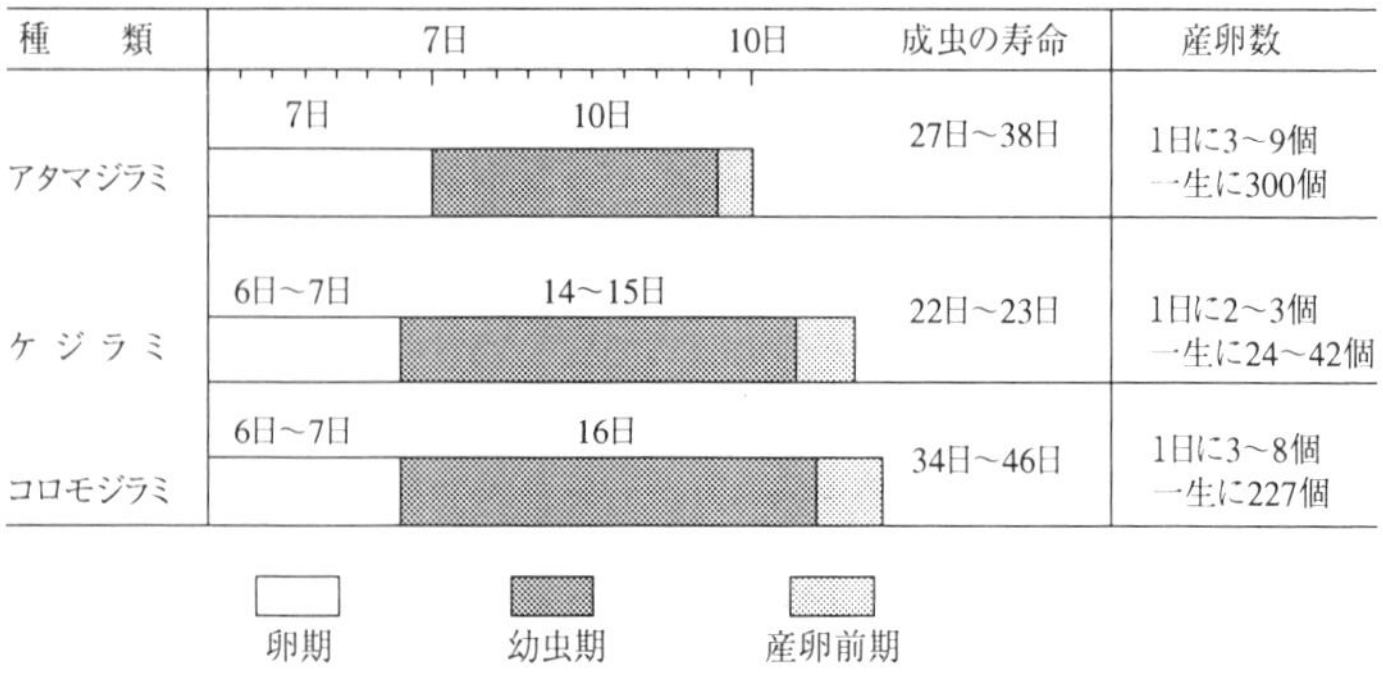

種　類	7日　　　　　10日	成虫の寿命	産卵数
アタマジラミ	7日／10日	27日〜38日	1日に3〜9個 一生に300個
ケジラミ	6日〜7日／14〜15日	22日〜23日	1日に2〜3個 一生に24〜42個
コロモジラミ	6日〜7日／16日	34日〜46日	1日に3〜8個 一生に227個

卵期　　幼虫期　　産卵前期

第1図　人体上（体温32〜35℃）で飼育した場合の発育所要日数

るので、「花見虫」などとも呼ばれている。

このシラミ類の発育所要日数と概略は第1図に示した通り。なお、この生態と防除については『薬局』(三七巻七号九一一〜九一九頁、一九八三)で紹介した。

ところで、最近になってなぜ、多発生したか?

その常識的な答は、昭和二〇年代からの「そ族こん虫駆除事業」の徹底により、撲滅《ぼくめつ》され害虫として一般の目に触れなくなった。これがなんらかの機会に外国より移入され、密かに増殖し、シラミに関する知識がないばかりに早期発見を逃し、そのため、一挙に蔓延したとのことである。

問題は、発生する場所が保育所、幼稚園、小

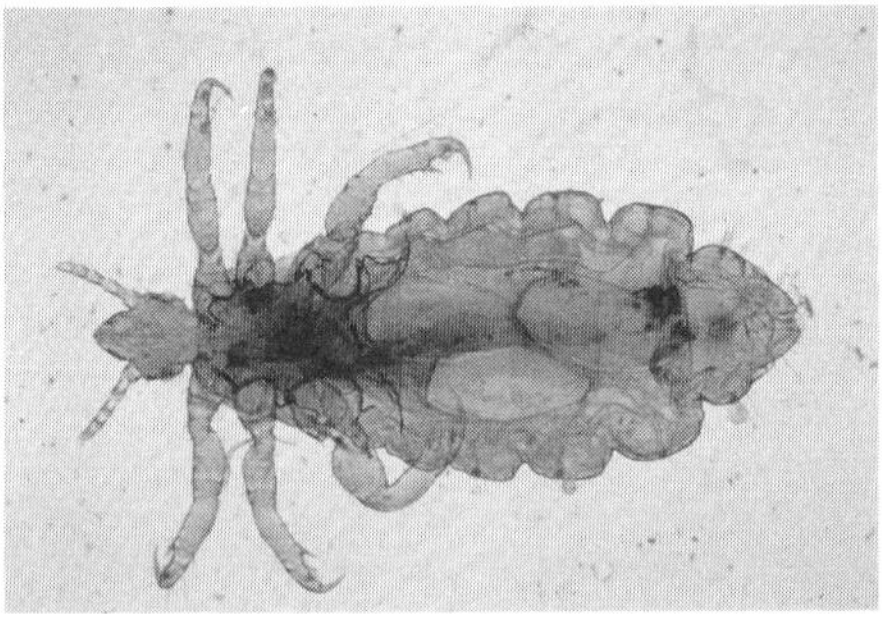

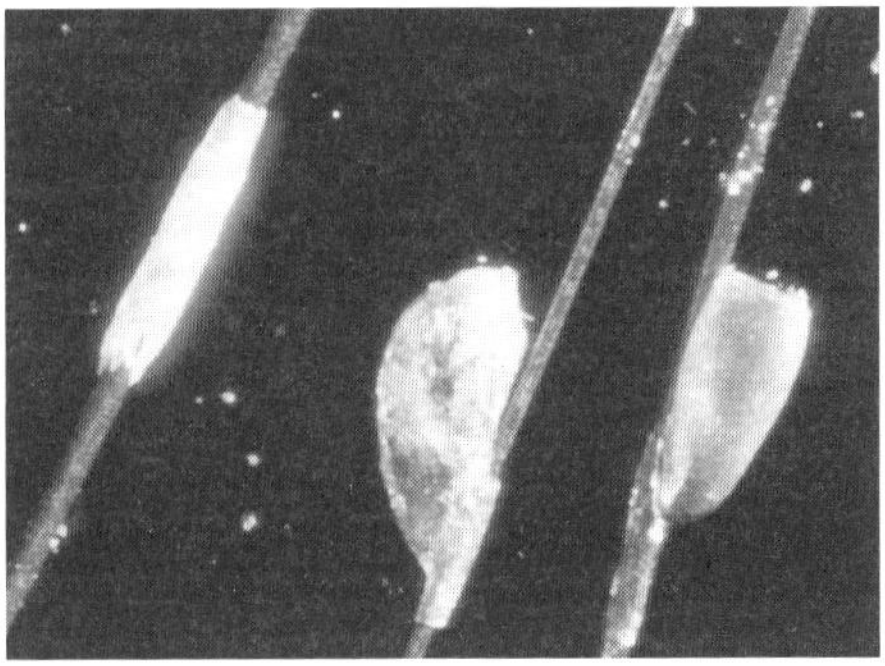

上：シラミの成虫(メス)
下：シラミの卵(左はヘヤキャスト、中央は生卵、右は卵の抜け殻)

学校など、幼児や児童などの集団生活の場が中心であったことだ。

対策として、養護教員や若い母親に、シラミに関する知識を徹底させる方向がとられた。たしかに、その効果は上がり、異常多発生は見られなくなり、撲滅に近づきつつある。

これも、養護教員や若い母親を対象とした研修会の結果といえる。この研修会がシラミを食う「引き金」になろうとは思いもしなかった。

研修会の講演で、つい口がすべった。

昨今のシラミの多発の原因はのくだりで、「親の子供に対する愛情の不足」にある！　たとえば、動物園の猿でも、自分の子供のシラミを食べてやっている、子供を保育園に預け放しにせずに、少なくとも、一週に一度ぐらいは子供の頭のシラミを食べてやる気持ちもない、親の身勝手にある！　とやってしまったのである。

その日は、何事もなく解散。ところが、数日後に、X保育園の若いK職員が私の研究所に相談にやって来た。

実は、先日、園児の母親と「シラミ対策」でトラブルがあり、結果的にK職員がその園児のシラミを食べた由。私の講演の、愛情があれば子供のシラミを食べろ！　が発端の様子であった。

いずれにしても、シラミを食べたが害はないか？　という質問である。事のはずみとはいえ、K職員の迫力に敬意を表するとともに、私の不用意な発言に責任を感じ、後日、シラミを試食することにした。

その後、機会があり、上等の成虫を二〇匹ばかり入手したので、プツリ、プツリと食べてみたが、とくに味はなかった。

なんとなく、渋みがあるが、それよりも、過日、相談に来た若いK職員の顔が思い出され、園児のホコリ臭いにおいが鼻に残った。シラミを口に運びながら、「口は禍《わざわい》のもと」なる格言を思い出した。なお、その職員が食べたのはケジラミ（彼女にはアタマジラミとしておいた）であったことに、今になって慄然《りつぜん》とした。

この機会にと思い、大型のシラミ、ブタジラミを試食した。

シラミの採集法は、毒性の低い殺虫剤（スミスリン）を低濃度に稀釈し、シラミのたかったブタに噴霧する。しばらくすると、毛の上に湧き出てくるので、これをすき櫛で集める。

これを、シャーレに入れ二四時間絶食させた後、薄い食塩水で洗う。濾紙《ろし》の上で、余分の水分を吸い取り、ほうろくに和紙を敷いた上に、食塩を少量加えてから、せわしく攪拌《かくはん》して炒り上げる。これを、飯にふりかけて食べる。舌ざわりは虫に共通したもので、とくに美味ではないがいける。

コロモジラミの生食は世界各地で見られ、ブタジラミの薬用酒も例がある。しかし、ケジラミの薬効については記録にない。場所が場所だけに、密かに媚薬として用いられていたかもしれない。今のところ、著者も試みていない。私の知るかぎりでは、若きK職員だけである。機会をみて、それとなく様子をうかがうつもりである。

（H）

せみの缶詰

夏といえば、真っ先に頭にうかぶのはせみの鳴き声。私の育った四国では、朝早くからクマゼミがいっせいに鳴きはじめる。とてもうるさくて、朝寝坊などしていられない。しかし一〇時か一一時頃になるとピタリと鳴きやむ。ところが、同じような形をしたタイワンクマゼミは、朝から夕方までいつまでも鳴いていた。

先日、車で小田原方面へ向かっている時、クマゼミの声を聞いた。クマゼミの分布の北限がこの辺りということは知っていたが、突然クマゼミの鳴き声を聞いて「なるほど」と実感した。

私が毎日通っているお茶の水橋のそばは、東京の都心ではせみの多いところだ。ミンミンゼミとアブラゼミがたくさんいる。これらのせみの鳴き声はあまりせみのいないヨーロッパやハワイなどの昆虫学者にとって、とても珍しいらしく、熱心に録音したり、ビデオに録画したりしていく人もいた。

せみを食用にする話はたくさんある。ニューギニア高地人、中国の各地の他、アフリカでも食用にしているようだ。わが国でも長野県で食べるところがあるらしい。

数年前、外国留学する昆虫学専門の友人の歓送会が新宿のある酒場であった。ここでは、ハチの子、ザザムシの他に、「せみの子」が出てきた。アブラゼミの幼虫を油で揚げたもので、パサパサだったが、ビールのつまみならばなんとかなる程度であった。羽化直前の幼虫を一夜水に浸しておき、それを油で揚げて缶詰にしたものだそうだ。長野県で最初に「せみの子」の缶詰を作ったのは、県の果樹試験場だそうである。果樹園に大発生するアブラゼミの幼虫を採集して缶詰にしたという。

せみといえば幼虫期間が非常に長いので有名である。最もよく知られているのは、アメリカの一七年ゼミと一三年ゼミで、それぞれ一三年、一七年ごとに大発生をくり返す。成虫は体長約五センチの小型のセミだが、写真でみるとその発生期の個体数は驚くばかりだ。木々の梢か

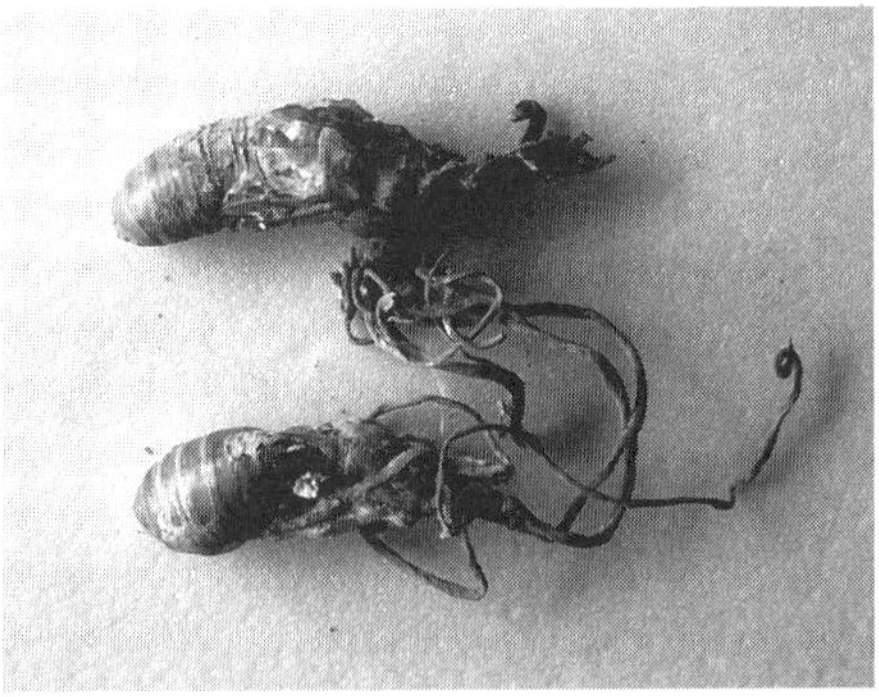

上：冬虫夏草（セミタケ）
下：蟬退（セミの抜け殻）

ら下までせみの大集団。街中がせみで埋まる。このせみを試食した人の話はあるが、長野のように、缶詰にした話はきかなかった。

沖縄県の石垣、西表島のサトウキビ畑には、小さなクサゼミが大発生することがある。ここでも食用にしたという話は聞いていない。せみを食用にとはなかなか思いつかないであろう。

セミの幼虫は、漢薬の材料としてよく用いられる。有名なのは、「セミタケ」と「蟬の抜け殻」である。セミタケはせみの若虫または成虫に菌類の子実体が発生したもので、若虫に寄生したものを「冬虫夏草」という。わが国では、クマゼミとチッチゼミ以外のすべてのセミの幼虫から一七種の冬虫夏草がみつかっている。前頁の写真は、香港にある中国政府のデパート（中国百貨公司）で求めたもので、一匹四香港ドル（約一二〇円）だったが、三匹でいいというと無料にしてくれた。デパートで無料にしてもらったのは、生まれてはじめてである。

せみの成虫の冬虫夏草を別名「蟬花」というそうだ。鎮痛、下熱など用途は広いようだが、効能その他はその道の専門書にゆずる。

台湾や香港の漢薬店では、せみの抜け殻も売っている。「蟬退」といい、幼虫の冬虫夏草よりも用途が広く、他の生薬と併せて用いるのが普通のようである。残念ながら、せみの種まで

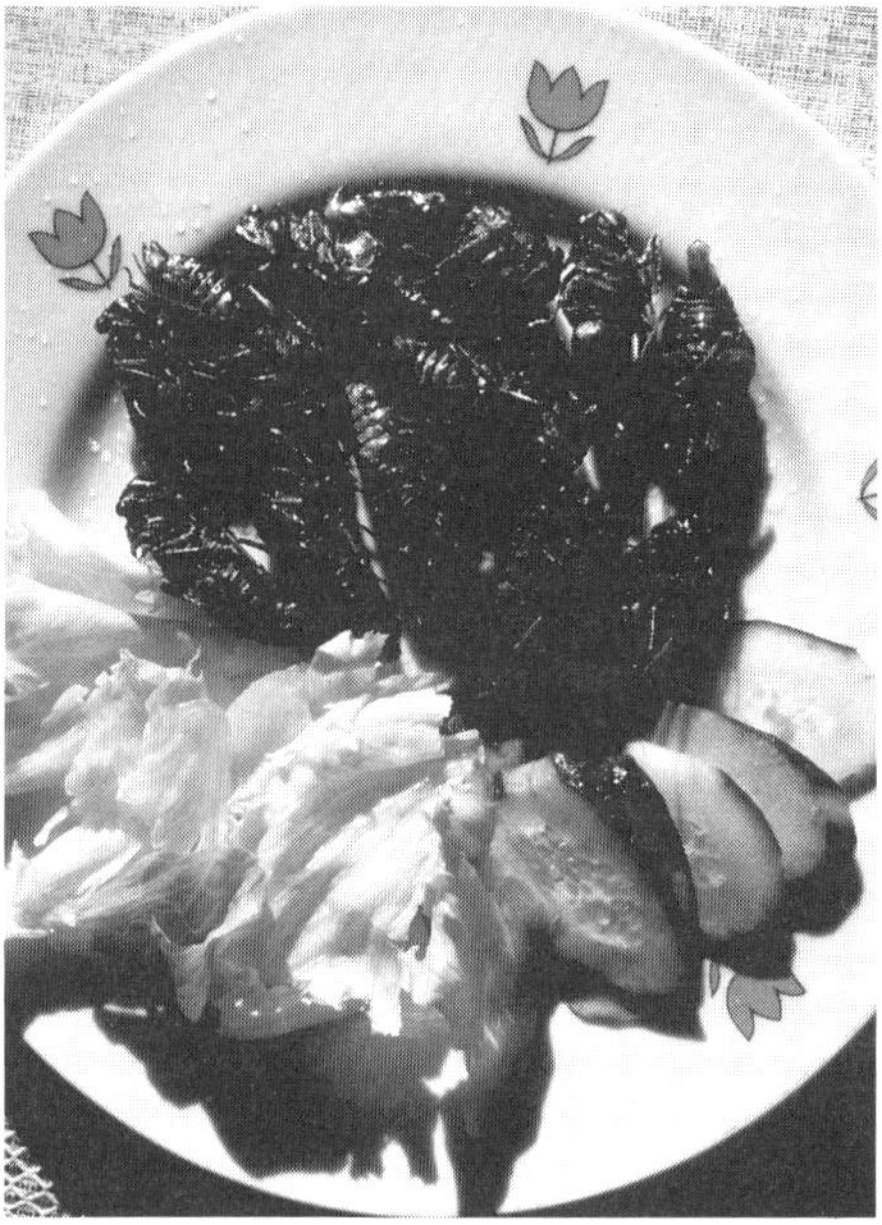

アブラゼミのから揚げ

はわかりかねたが、クマゼミかアブラゼミのようであった。ピカピカ光っているのがよいらしく、体中に泥をこすりつけて土中からはい出してくるニイニイゼミのような種はなかった。

さて、せみ料理であるが、若虫はから揚げにした缶詰があるが、成虫はない。試みに近くの果樹園で採ってきたアブラゼミの成虫をから揚げにしてみた。少し硬く、大型の大正エビの殻を食べるのと同じような味であった。硬い外骨格の味は、他の昆虫と変わらなかった。昆虫類の外皮は、どの種も同じ味だということがよくわかる。ニイニイゼミ、ヒグラシなどは、少し柔らかいようだが、クマゼミやミンミンゼミのような大型の種は硬いかもしれない。

せみは幼虫期が長い虫としてよく知られている。種によって幼虫期間が異なるようだが、少なくとも二－三年、ミンミンゼミとアブラゼミは五年くらいである。このように幼虫期間が長いので、幼虫期の生活についてはまだよくわかっていない。五年間も土中で過ごし、やっと地上にはい出したとたんに、缶詰にしてしまうのは少々酷な気がする。せめて一度は、鳴かせてやりたいものである。

（S）

ユスリカのふりかけご飯

先日、N市の高校生から電話があった。用件は、ゴキブリの食用研究（?･）をしているが、黒焼きの入手先についての相談であった。

事情を聞くと、この連載を読んでとのこと、同好の志ができたことを喜ぶべきか、「ゲテモノ食い」の危険を教えるべきか、複雑な心境であった。

専門家以外は、おかしな物を滅多矢鱈に食べない方が無難である。

中国料理の珍味に、「蚊の目玉」があるとのこと、これは蚊の目玉だけを集めた貴重な食物の由。

これを集めるには二つの方法がある。そのひとつは、蚊の多い地域の「コウモリ」を生け捕り、その腸を摘出し内容物から洗い出す方法。もうひとつは、洞窟内のコウモリの糞を集め、これから洗い出すという。

いささか気になるのは、何も、コウモリは蚊だけを食べているわけではなく、同じ水系で大発生をするユスリカも食べているわけで、ユスリカの目玉も混じっているのではないかということである。

珍味料理の議論は別にして、異常発生し、豊富な蛋白《たんぱく》源としてのユスリカ料理を研究した。最近の学会では、ユスリカはぜん息のアレルゲンとなるとの報告があり、その対策のひとつとして「資源利用で食いつくす」のも一方法であろう。

話によると、漆器で有名な輪島地方の漆塗りの職人の家では、子供が生まれた時、産湯に少量の漆を滴下し、耐性をつけるという。その伝でいくと、ユスリカを蛋白源のひとつとして、子供の時から常食にすれば一石二鳥ではないか？　という次第。

最近、不快害虫として問題になるユスリカ（揺蚊）は、水棲種で環境の都市化により問題になりはじめた都市型の害虫といわれている。

その発生源は、池、沼、湖、河川などで、幼虫は食植性で藻類《そうるい》、水棲植物、有機残滓《ざんし》などを摂食する。

分類学的には、双翅目、ユスリカ科（Chironomidae）に属する完全変態をする昆虫である。英名を midges または blood worm といい、これは幼虫の血液中に erythrocruorin という血色素が溶存しており、これが呼吸色素として働くが、この色素の色である。わが国ではアカムシユスリカなど血色素をもつ種の幼虫を赤虫と呼んでいる。なお、幼虫は、魚類の天然飼料となり、水産上の意義は大きい。

ユスリカは世界に広く分布しているが、わが国でよく知られているのは、セスジユスリカ、オオユスリカおよびアカムシユスリカの三種であるが、地域によって重要性は異なる。

セスジユスリカの成虫は、三－一一月にわたって見られ、発生回数は年に九回前後である。産卵の最盛期は五－一〇月で、一卵塊は四〇〇個前後である。

卵期間……………二日
幼虫期間…………一七－二二日（四回脱皮）
蛹《さなぎ》期間…………二日
成虫の寿命………三－五日

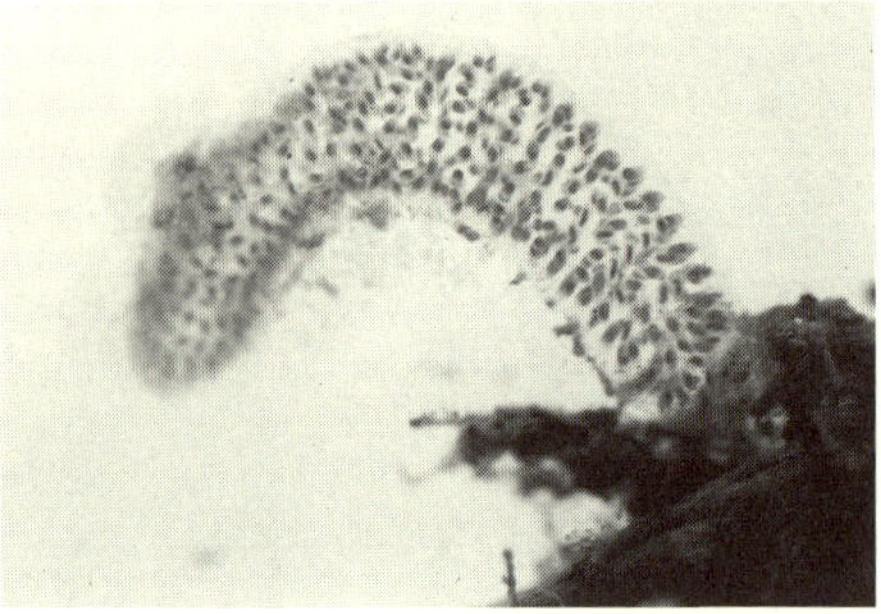

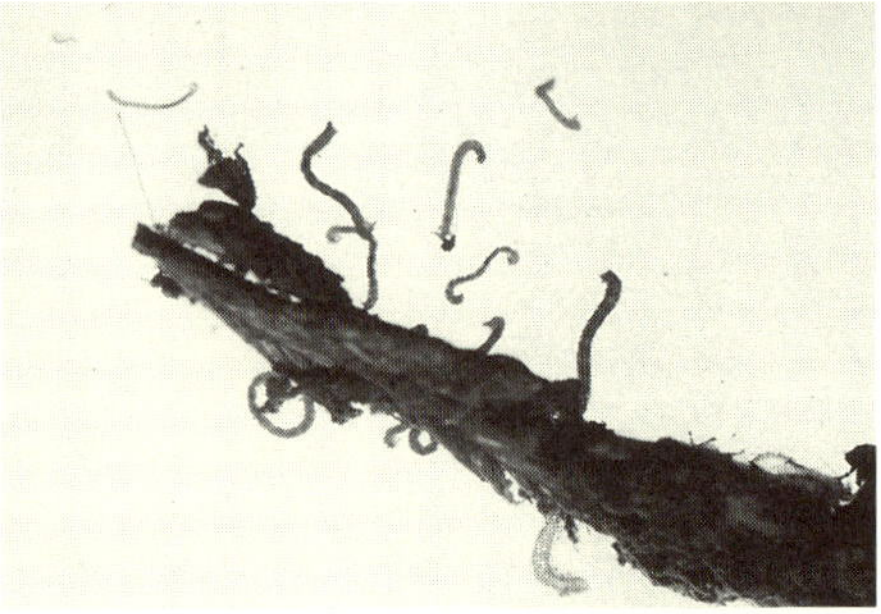

上：ユスリカの卵塊
下：ユスリカの幼虫、赤虫

一世代の所要日数……四〇日前後

幼虫期間は、種類によって異なるが、一〇日から数か月におよぶこともある。なお、ユスリカの発生が問題になる状況では、汚泥一平方メートル当たりの幼虫数が二－四万匹の水準といわれている。

今回は、材料が入手しやすく高級観賞魚の餌になる幼虫を用いた。

材料の幼虫は、ユスリカの多発する河川に殺虫剤（低濃度のアベイト）を投入し、しばらくすると水面いっぱいに幼虫が湧き出して流れ出すので、これを網ですくい取る。これを清潔な水に入れ、一昼夜放置する。これが大切。

○**酢の物**　一昼夜放置した幼虫を、ガーゼを敷いたザルに入れ、熱湯を通す。よく水を切り、薄くきざんだキュウリを少量の塩で揉み、水で洗った後に小皿に移し、一摘みの幼虫を入れて酢に砂糖で味つけをする。

味はシラス干しにまではいかないが、舌ざわりは悪くない。ユスリカということを知らなければ酒の肴にはなる。

○**ふりかけ**　熱湯を通し、陰干しにした材料を、フライパンで軽く炒り、醬油《しょうゆ》を少し加えて、炊きあがりの熱い飯にかけて食べる。インスタントの「タイ茶漬け」をそのままふりかけて食べたのと同じ味わいで、結構いける。外観は、「あみの佃煮《つくだに》」に似ている。

昔、ペットの店で金魚の餌に生きた赤虫が売られていた。最近では、高速真空乾燥して売られている。先日デパートで発見したので入手（一〇グラム入り六〇〇円）し、試食した。

成分表をみると、もっともらしく次のようであった。

赤虫一〇〇％

粗蛋白質……………五六％以上

粗繊維質……………三％以下

粗脂肪………………八％以上

粗灰分………………一〇％以下

まさしく、天然蛋白質である。

これを、そのまま、熱い飯にふりかけて試食したが、著者の軽く炒ったものにはおよばなかった。なんとなく、味が違うので製造元を見たところ、驚いたことには台湾産とあった。

わが国は赤虫まで、外国より輸入している次第です。

（H）

ムカデ（百足）

ムカデまたはムカゼと聞くとほとんどの人は「ああ、あの足（脚）の多い、咬まれると痛くて腫《は》れる気味の悪い虫」と想像されるであろう。動物分類学上の位置は、節足動物門の唇脚綱《しんきゃくこう》に属し、ヤスデやゲジとあわせて一般的に多足類と言われている。その名のとおり脚の数は多いのだが、ヤスデでは各節に二対の脚があるので倍脚類とよばれている。

ムカデは昆虫ではないので、このシリーズには入らないように思われる。しかし、英語のEntomology は昆虫学と訳されているが、実際には節足動物全般を含み、ダニやムカデも扱っている。したがってここでも虫の仲間に入れることにした。

ムカデは漢字で「百足」と書かれるが、一般にいうムカデには一〇〇対もの脚はなく、オオムカデでせいぜい二一対である。われわれの家屋内に侵入して咬傷《こうしょう》の原因となる大型のムカデは、オオムカデ目に含まれる。そのうちの代表的なオオムカデ *Scolopendra subspinipes* は本州以南に分布している。オオムカデには、種は同じだが体色の異なるアカズムカデ *S. subspinipes* ssp. *multidens*、アオズムカデ *S. subspinipes* ssp. *japonica*、トビズムカデ *S. subspinipes* ssp. *mutilans* の三亜種が知られている。体長は大型のものでは一三センチ以上にもなる。

近年、都市近郊の雑木林が開発され、宅地化が進むにしたがって、ムカデに咬まれたとかムカデやヤスデが家屋内に侵入してきたなどの被害（?）または苦情が保健所や衛生研究所などにくるようになった。

多足類の専門家、東京都立小岩高校の篠原圭三郎先生のところには、年に何例ものムカデ、ヤスデの家屋侵入についての相談があるそうだ。これによると、家屋侵入被害は全国的だが、東日本ではヤスデ、関東以西の太平洋岸の地域ではムカデの相談が多いとのことである（『衛生動物』三二巻三号二四九－二五〇頁、一九八一）。

ムカデ咬傷のほとんどは、前記のオオムカデと考えられるが、実際の報告例はほとんどない。

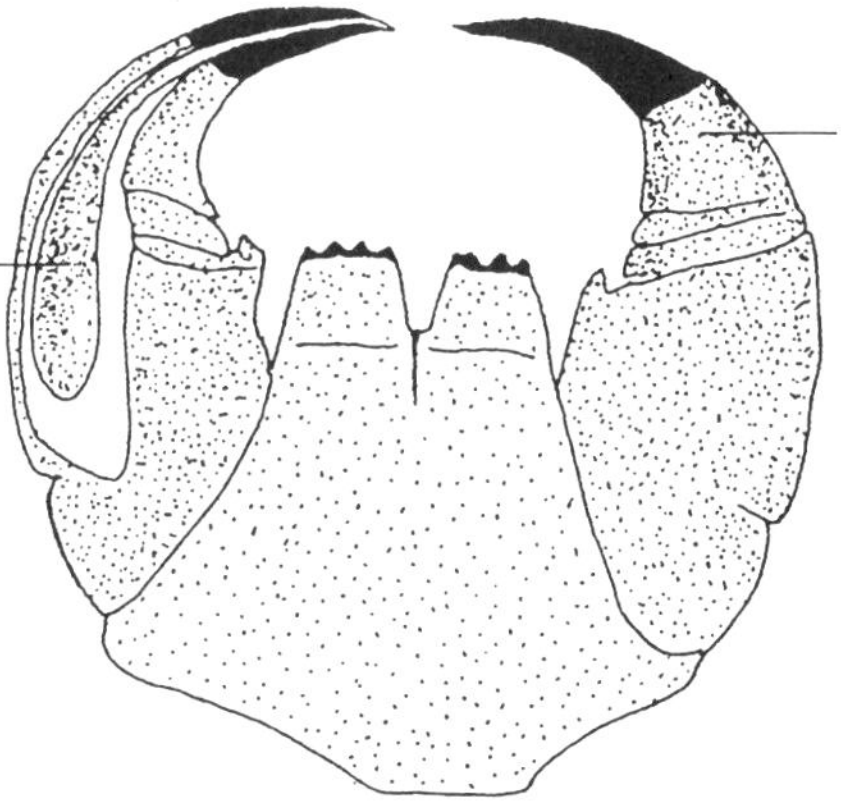

第1図　トビズムカデの毒爪（断面図、左側は毒腺断面の複式図）

おそらく、ムカデ咬傷は、ハチ刺傷と同じく一時的な痛みと腫脹《しゅちょう》のみであるため、あまり報告されていないようである。元来、オオムカデは、森林内の朽木や切り株などの中に生息している。石の下などにも見かけるが、土中にもぐり込む性質はないようだ。

このようなムカデの生息地を切り開いて、住宅地にしたために先住者のムカデが家屋内に侵入してくるのは当然（？）のように思われる。オオムカデは、広い森林内でなくても、ちょっとした茂みがあればどこにでも生息している。都心にあるわれわれの大学でも、数年前に地下の守衛室で仮眠中の守衛さんが何人か咬まれたことがあった。このときには、まわりの土手にオオムカデが生息していたことがわかり、雑草を取り除いて殺虫剤を散布したところ、その後は咬傷がなくなった。

ムカデは肉食性の節足動物である。ふだんは昆虫などを捕らえて食べている。餌をとる際には、発達した顎肢《がくし》で餌物を捕らえ、その先端近くに開口している毒腺《どくせん》から毒液を注入する。毒は本来はこのような目的に用いられているが、自分が他の動物に襲われたときには、防御のためにも用いられる。われわれが咬まれるのは、夜間睡眠時が多いようだ。ふとんの中にもぐり込んだり、体の上にはいあがったりしたときに知らないで触ったりして咬まれるようである。

ムカデの毒成分は、東京大学の中嶋暉躬教授らにより分析されている。スズメバチ毒などに含まれている疼痛《とうつう》を起こすセロトニンがほとんどなく、ヒスタミンと局所の透過性を強めるポリペプチドが含まれているということである。

台湾や香港の漢薬店には、乾燥したムカデを束にして売っている。写真のように、竹の棒で固定してある。蜈蚣《ごこう》といい、脚の赤いのがよいとのことであるが、私には薬効はわからない。鎮痛、解毒作用があり、毒蛇咬傷にも用いられるそうだ。この他、抗結核菌剤としても用いられたようである。処方は、それぞれの目的により異なるが、ほとんどの場合散剤として他の漢薬に混入されているようだ。

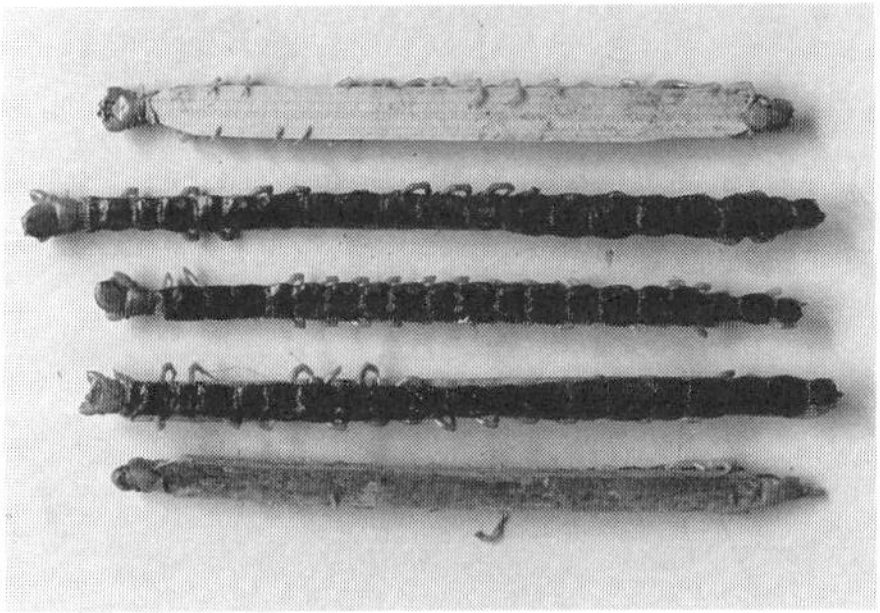

上：トビズムカデ
下：蜈蚣(ごこう)、竹串に絡ませてある

私の子供の頃、梅雨時になるとよく大型のムカデが家の中で見られた。咬まれた記憶はないが、祖父がこれをオリーブ油に浸けて火傷の薬にしていたのを憶えている。

さて、食味の方であるが蜈蚣は、今年七月に台湾で入手してきた。これをこのまま食味するには少々抵抗がある。ちょうどこの原稿の構想を練っているとき、幸いなことにわが家の車庫でオオムカデ（トビズムカデ）を一匹見つけた。これを三日ばかり餌を与えないで飼育した後、よく洗ってから揚げにした。少し気持ち悪かったのだが、思いきってかじってみた。筋肉が多いかと思ったが、パサパサしていて、とくに変わった味ではなかった。ザザムシやハチの子の方が上等である。ムカデはたくさん採れるものではないので、乾燥して散剤として用いるのがよいようだ。しかしあまり薬効のありそうな味ではなかった。

（S）

蜻蛉（トンボ）の味は？

昆虫の中でもわが国では蜻蛉《とんぼ》ほど古くから記録に残っている虫はない。最も古いものでは、銅鐸《どうたく》の文様に、また古事記（下巻）雄略天皇の項に、「阿岐豆野《あきずの》に幸《い》でまして、御猟《かり》したまひし時、天皇御呉床《あぐら》に坐しましき、ここに蝈《あむ》御腕を咋《く》ふ、すなわち、蜻蛉《あきつ》来てその蝈《あむ》を咋ひて飛びき」とあり、「やすみしし、我が大君の猪鹿《しし》待つと、呉床に坐《いま》し、白栲《たえ》の衣手《そで》著具ふ　手腓《たこむら》に　蝈かきつき　その蝈を　蜻蛉早咋ひ　かくの如《ごと》　名に負はむと　そらみつ　倭《やまと》の国を　蜻蛉島とふ」と歌われている。

放牧場などで、トンボがアブを捕食することはよく知られている。京都府立大学の笹川満弘先生は、放牧場におけるアブの天敵として広島県の牧場でアブを捕食するトンボを観察し、上記の古事記の抜粋とともに紹介している（『昆虫』四七巻、一九七九）。

この他、トンボが肉食性で、他の昆虫を捕らえる姿が勇ましいことから、武士の間で「勝ち虫」として、かぶとの紋章、刀の鍔《つば》、家紋などにも用いられている。

トンボは、日本ではいわゆる益虫の代表とされている。私が育った四国の瀬戸内には、たくさんの溜池があり、夏の夕方には、この池に多数のギンヤンマが続々と集まってきて池から発生するユスリカや他の昆虫を次々と捕食していた。その数はものすごく、本当に空が黒くなるくらいであった。

日本には亜種を含めると約二〇〇種のトンボが記録されている。このうち、最も原始的な形をとどめているのはムカシトンボである。このトンボは、日本とヒマラヤにしか見つかっていない石炭紀（古生代）のトンボに似た「生きた化石」である。

このトンボは、日本昆虫学会のシンボル、会章にも採用されている（第1図）。西・南日本の山地では春から初夏にかけて成虫が出現する。幼虫は流れの速い渓流にいて、東京付近でも、奥多摩や高尾山の小さな渓流で見られる。幼虫は、水質汚濁の指標としては最も清流に生息する種である。

ムカシトンボの生息している清流には、サナエトンボもいる。これらは、ときにはザザムシの中にも混じっていることがあり、少し硬いのだがそれほどまずくはない。下流の少し汚染したところには、ヤンマなどのヤゴも見られる。この幼虫は、全身に細毛を密生し、泥が付着していて食欲をそそらない。

第1図　ムカシトンボをデザインした日本昆虫学会会章

さて食味であるが、わが国では、トンボの幼虫を食べるところが何か所かあるそうだが、くわしい料理法などはわからない。「アカトンボ、はねをとったらトウガラシ」とか、「シオカラトンボ」などの和名はなんとなく食物を連想させる。タイ国の山地民族の中には、トンボの幼虫を食べる習慣があるところがある。ところが、この幼虫や成虫が鳥類の卵管に寄生する吸虫の中間宿主になり、これを食べるとヒトにも偶発的に寄生することがわかっている（第2図）。

中国では、青味をおびた眼の大きい種を選んで食用にするそうである（三橋、一九八四）。それではと、これに該当すると思われるオニヤンマを試食することにした。私の家の近くの丘陵で、オニヤンマが簡単に採集できる。このトンボは、体長約一〇センチ、がっしりした体で他の昆虫を捕食している。飛翔力も強そうだ。橋本高校の生物科学研究部とOBグループが、三三四匹にマークして放し、それを再捕獲して飛翔距離を調べたところ、再捕獲された三二個体のうち、最も遠くで捕獲されたのは二六・六キロメートル先であった（『インセクタリウム』二二巻一〇号、一九八五）。

オニヤンマを三角紙に包んで一－二日放置しておくと糞を出して死ぬ。これをから揚げにして試食した。揚げる際には、翅は取っておかないと、油でべとべとになる。これに塩をふって

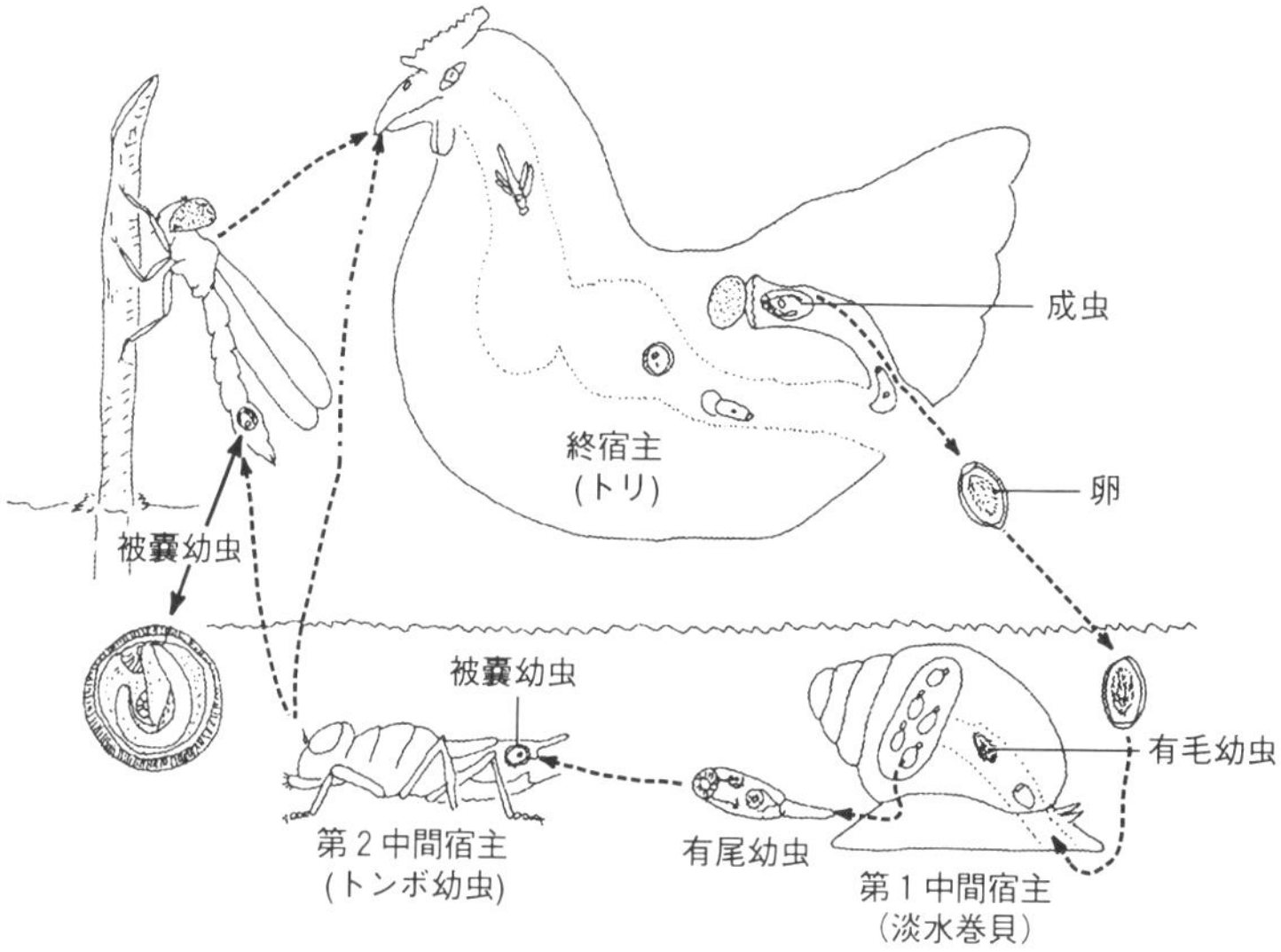

第2図　プロストゴニムス吸虫の発育史

三角紙に包んでおいたオニヤンマ

味付けした。胸の筋肉はアブラゼミほどではないが、かなりボリュームがあったのだが、なんとなくパサパサしていて味がしない。まあ、ビールのつまみくらいにはなりそうである。いっしょに料理したシオカラトンボは、ほとんど筋肉がなく、塩辛くもなかった。(S)

おケラの効果

船橋市内に「おけら街道」があると人がいう……。東海道とか山陽道とは異なる道の由、現地を見学してなるほどと思った。

しかし、本当はこの道を家路にたどる人におすすめしたい（？）のが、「ケラ」である。

ケラ（螻蛄）とは、昆虫分類学上の直翅目《ちょくしもく》ケラ科に属する昆虫である。

学名を *Gryllotalpa africana* という立派な農業害虫だ。日本全土に分布し、雑食性で作物の根や土壌中の茎を食害する。

生活史は地域によって若干異なるが、二年一世代と一年一世代があるようだ。成虫の体長は三〇ミリ、越冬した成虫は三月頃より出現し、加害をはじめる。一匹のメスの産卵数は六〇－一六〇個で、卵期間は約二〇日前後、四－五回脱皮して成虫になる。

ケラは湿地を好み、夜間活動性で日中は土中に潜伏している。

私は、ケラが薬用として使用されているとは知らなかった。

今年の九月に、害虫調査のため、韓国に出張し、いろいろと珍味を求めて散策したときに発見（？）した。

釜山港の市場に、雑多な民間薬の原料が並べてある店で異様な昆虫の干物があった。これが、ケラであった。早速、この利用法を質したところ、強壮剤だといい、売子は私の顔を見て意味ありげに笑う。

用法は、これをこのまま食してもよく、軽く炒って粉末にしてもよいとのことであった。

半信半疑で購入し、ホテルに帰って、ボーイにケラの効用を聞いたが知らないという。一匹三〇〇ウォン、一串に二〇頭ついているのを求めたのだから、決して安い物ではない。

しばらくしていると、ホテルの料理長が愛用しているが効果があると電話して来て、いろいろと説明してくれた。早速、料理してくれたが、薬だと思って食べたので味は不明。

またこの効果も、その日の午後の便で福岡へ向かったので確認できなかった。精神的なものか、福岡の宴会では二日酔いもなく過ごせたようだ。持ち帰った残りを、ワイフに薬用だとしてすすめたが、外観を見ただけで、いたずらも度が過ぎると叱られた。

韓国では気にもならなかったが、持ち帰ってふたたび口にするとなると抵抗を感じる。軽く炒って、そのまま口に入れると、もしゃもしゃしていたがイナゴより味がなかった。粉末にして試食したが、「カツオ節」の削りかすのようであった。

韓国産と国産の比較のため、数匹を採集し、から揚げにしたところ、結構な酒のつまみになった。これは、新鮮な材料であったためかもしれない。しかし、強壮、強精の薬効はなく、これは連用しないとだめなのかもしれない。

先程の「おケラ街道」について、これは、バクチでスッテンテンになったときの、「バンザイ」の格好がケラの姿に似ていることから来た由。

私の行きつけの居酒屋で、パチンコ狂のいたことに気づき、「必勝丸」と称して、大切な一頭を食べさせたところ、翌日になって、御礼をいただいた。これは薬効があって勝負に勝ったことを示すものであろう。船橋の「おケラ街道」の入り口で、ケラの「必勝揚げ」でもやると商売になるかもしれない。

ケラはイナゴより味が劣り、先の薬効は疑わしいが、勝負運に恵まれる可能性が高い？　と判定した。

この薬理作用は？　おそらく、グロテスクなこれを食することで、精神を安定化するためと推定した（？）が、さて万人に効くかどうかは定かではありません。
（H）

ヘビトンボの幼虫

つい最近、若い母親から、「私の留守中に祖母が子供に虫を食べさせているが、害はないか?」との電話相談を受けた。

よく話を聞いてみると、その虫はどうも「孫太郎虫《まごたろうむし》」のようだった。

早速、これは孫太郎虫と称するもので、「小児の疳《かん》の妙薬」であり、古来より用いている漢方薬で無害と説明した。

これで納得と思いきや、なんと、最近の新聞によると、健康食品も危険だといわれているが絶対に大丈夫かと何度も念を押されて参った。

著者も、子供の頃、この虫にずいぶんとお世話（その所為か、虫食の癖がいまだにぬけない、これは副作用だったのか？）になったようで、無害と確信はしているものの、絶対無害かと念を押されると多少の不安がないでもない。

というのも、昨今の「イミテーションばやり」の時代、どんなことで別の物を売っているともかぎらない。現在の「孫太郎虫」を調べることにした。

電話相談のことがあったので、著者の関係している大学の女子学生と保育園に来る若い母親を対象（六〇名）に、「孫太郎虫」に関する簡単なアンケート調査をしてみた。

孫太郎虫を知っている………………三人

知らない………………………五七人

知っている人について

現物を見ている………………一人

話だけ…………………………二人

子供が「疳」の場合はこれを

服用させる……………一〇人
服用させない…………五〇人
服用させない理由
気持ちが悪い…………二一人
効用に疑問……………二九人
気持ちが悪い理由
虫だから………………一八人
有害物質が入っているかもしれない……三人

以上のごとくで、若い女性にはまったく知名度がないようだ。なお、教育水準が高くなったのか、効果に対して科学的な疑問を持っている。それに、他の有害成分の有無に関心を示すのも、今日的現象といえる。

また、女性は「虫」というだけで、感覚的に不快感を持つようである。この虫はヘビトンボの幼虫であると説明したところ、全員が「まあー、気持ちが悪い‼」と不快な顔をした。これは、ヘビという動物を連想したからのようだ。

このような実情では、祖母が親切でした行為も心配になるわけである。

孫太郎虫とは、分類学的には脈翅目《みゃくしもく》、ヘビトンボ科 Corydalidae に属するもので、学名を *Protohermes grandis*、和名をヘビトンボという立派な昆虫の幼名である。ときには、同じ属のヤマトクロスジヘビトンボの幼虫を用いることもあるという。

このヘビトンボ科の昆虫は世界で約一〇〇種が知られ、わが国でもヘビトンボの他にクロスジヘビトンボやヤマトクロスジヘビトンボなど数種が知られている。

ヘビトンボはわが国に広く分布し、幼虫は水生で、河流底の砂石の間に棲み、小動物を捕食して生活している。なお、老熟幼虫は体長が六〇ミリ前後となり、二‐三年で成虫になる。外国では、幼虫を dobson、toe-biter といい、サケやマス釣りの餌として用いている。

いずれにしても、最近の孫太郎虫を調べるため、近所の薬局へ出かけたが、三‐四か所まわったが置いていなかった。それでも、成田山新勝寺前の薬店にあったのを思い出し、買いに出かけた。そこでは、原形をとどめた物と粉末のものが売られていた。前者の紙容器入りが一五〇〇円で、中身は一串に五匹ずつ刺したものが五串入っていた。店員に用法を聞いたところ、そのまま食べてもよいが軽く炒ったものが食べやすいという。また、黒焼きにして粉末にして

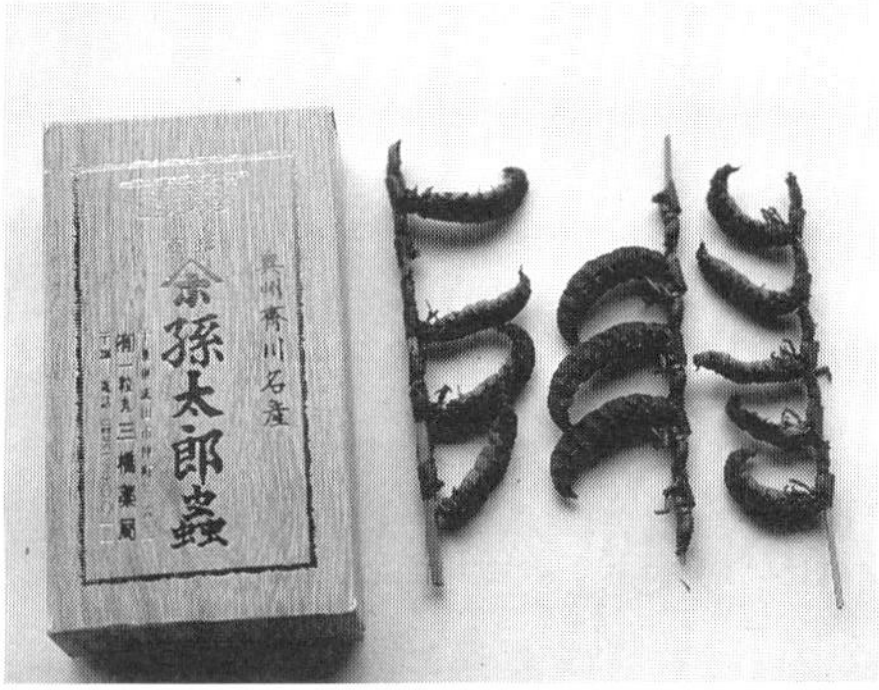

上：斎川名産「孫太郎虫」
下：ヘビトンボの幼虫「孫太郎虫」

もよいとのことでもあった。

ついでに、これが小児の疳に効く理由を質問したところ、成分としてカルシウムが多く、これが効力を発揮するとのこと。この説明のごとく、カルシウムが効くのであれば、小魚を焼き、骨ごと食べさせればよいではないか？　と思った。また、漁村の子供には疳はないのか？　など、若干の疑問はないでもないが、この究明は別の機会にゆずる。

早速、ヘビトンボ幼虫の干物を試食することにした。

○**干物**　現物をそのまま食べると、ボリボリして想像していたより硬い。味のない乾パンを思い出す。訪れた友人に試食を頼んだが、これだけはご勘弁をと逃げられた。

なお、軽く炒ると実に香ばしく食欲をそそるにおいがする。しかし、食べてみると干物とまったく変わらない。

○**黒焼き**　これは、外型が変形して虫とは思えなくなるので、食べやすいが非常に「苦味」が増して、薬以外の何物でもなくなる。

○**チョコレート漬け**　虫体を隠し、味を変えて小児にも食べやすいように工夫した。溶解したチョコレートに孫太郎虫を浸け、チョコボールか糖菓のかりん糖のようにした。これは、一見、菓子のように見えて食べやすく、味もチョコレートが浸みて美味。何の説明もせずに、家内に食べさせたが、孫太郎虫とは気づかなかった。

○**から揚げ**　著者のよく行く、小料理屋で、から揚げにしてもらい、先般、ケラを食べさせた酔友に進呈したところ、ポリポリして美味と賞めてくれた。ビールのつまみによいから、もっと欲しいと頼まれたが、二五匹が一五〇〇円ではちょっとばかり高いので応じかねた。

なお、ヘビトンボは全国に分布するが、孫太郎虫の産地は宮城県白石市斎川《さいかわ》村のものが有名である。私の求めた品も、出所は一粒丸三橋薬局となっているが、斎川村の保科商店の「余」の商標があり、「奥州斎川名物」としてあった。

研究者の悲しい性根か、心の中では、この程度の虫、身近で間に合うはず、これは養老渓谷産ではないかと疑っていた。

現物は、昔ながらの孫太郎虫で、世の若いお母さん、ご安心ください。

（H）

ミノムシのバター炒め

先日、近くの幼稚園のそばを通っていたところ、園児の歌声が聞こえてきた。「ミノムシちゃん、ミノムシちゃん、親になってもミノムシちゃん。」園児の遊戯のしぐさがとてもかわいいので、しばらく見ていた。でも「親になってもミノムシちゃん」とはよく言ったものである。われわれが一般にミノムシと呼んでいるのは、ミノガ類の幼虫のことである。幼虫は、糸をつづって筒状の巣をつくるのだが、これが蓑《みの》に似ていることから「ミノムシ」とよばれるようになったのだろう。ミノガのメスは、翅《はね》も脚も退化していて、幼虫期の蓑の中で一生を過ごす。つまり、「親になってもミノムシちゃん」なのである。

上：ミノガ越冬幼虫
下：ミノムシとヨナクニサンの繭の小銭入れ

冬になって、街路樹や庭木の葉が落ちてしまうと、越冬中のミノムシがやけに目立つようになる。中には、古い蓑も混じっているが、古いものは、少し強く引っぱるとすぐに採れる。越冬中の幼虫が中にいるものは、しっかりと枝に固着していてなかなか離れないのである。

春になると、越冬から醒めたミノムシは、猛烈な食欲を発揮して手当たり次第に植物を食べはじめる。ふつう、蝶や蛾の仲間は、例外もあるが食べる植物（食草）の種類は少ないものだ。ミノムシは非常に広い食性を持っているので、街路樹などに大発生して大きな害を与えることもある。蛹化《ようか》は六月下旬から七月上旬、成虫は七月には出現する。前述のように、メスは蓑の中にいるので、オスはメスの蓑の中に腹部を入れて交尾するのだ。オスがメスの蓑を見つけることができるのは、メスが性フェロモンを分泌しているからで、交尾をすませたメスは、蓑の中で産卵する。

卵数は約二五〇〇個あり、卵は約二週間後に孵化《ふか》する。幼虫は蓑を出て、糸でぶらんこをしながら方々に散らばっていくのである。孵化したばかりの幼虫も、とてもかわいい蓑をつくる。この蓑の形で、ある程度種の見当がつくそうだが、私にはわからない。しかし、ミノムシの用いる材料を観察していると、とてもバラエティーに富んでいて、まるでファッションショーのようだ。

秋になって背の高く伸びたヨモギにいたミノムシは、羊の毛皮をかぶったようであった。大胆に一枚の大きな葉を使ったサンゴジュのミノムシ、梅や桜のミノムシは小枝をそろえている。

ミノムシの蓑はとても強靭である。昔からこれを切り開いて縫い合わせて財布や小物入れを作ったりしている。以前、東京の八王子辺りに住んでいる方で、何でもミノムシで細工をする人の話が新聞で紹介されていた。チョッキなども作るとか、おそらく数千匹は必要であろう。沖縄の土産物に、世界最大の蛾といわれる与那国蛾《ヨナクニサン》の繭《まゆ》で作った小銭入れがあるが、これくらい大きいと利用価値もありそうだ。

ミノムシは、昔から人々に親しまれていた虫のようで、いろいろな文学作品にも登場している。最も有名なのは、『枕草子』の「虫は」の一節である。「みのむしいとあはれなり……」ではじまり、鬼が産んだ子だから、鬼のような悪い心を持った子と解し、母親がそのまわりの粗末な着物を集めてくるみ、秋風の吹く頃になったら迎えに来るよといって逃げてしまう、といった話を記憶している。清少納言にかかると、ミノムシもぼろ衣を着せられてしまう、「いとあはれなり」。

今月は食味から遠ざかってしまったようだが、鬼の産んだ子でも食用にはなるのである。とくに越冬中の幼虫は、大人の小指の先くらいあり、ボリュームもある。漢薬の本では、ミノムシを蓑ごと焼いて煎《せん》じたり、蓑のまま黒焼きにして食べると心臓病や肺結核に効くとのこと。ミノムシではないが、オーストラリアの原住民アボリジニーは、ボクトウガの幼虫をユーカリの木の下などで掘り出して、フライパンで炒めて食べさせてくれたという（中野不二男、一九八五）。

早速、近くの街路樹で越冬中のものを採ってきて丸焼きとバター炒めの両方を試してみた。蓑ごと焼いたものは、硬くなってしまい、薬用ならまだしも食用にはなりそうもない。バター炒めの方は、ハエの幼虫のように飛散するかと心配だったが、意外にも表皮が硬く、うまく料理が出来た。味の方もこれまでのものよりもくせがなく、美味であった。越冬中の幼虫は、脂肪（fat body）も多く、体内に糞もないので食用には最適のようです。

（S）

苦虫の味

「苦虫」、これは私の手許にある昆虫図鑑にはのっていない種類である。しかし、『広辞苑』によると、「噛めば、苦いだろうと想像される虫」それは常ににがにがしいことをする人の意らしい。

食生活が豊かな現在、「食品中の混入異物」、ことに「虫」に関する苦情や相談が増えている。食品中でも多いのは、パン、和洋菓子類、ジャム、バターおよび味噌などである。

なお、最近の傾向としておもしろいのは、今日、流行の「○×弁当」に虫が入っていたという相談件数の増加である。いずれにしろ、戦中、戦後の食料難時代では思いもおよばなかった現象だ。

比較的、相談の多かった虫は次の種類であった。
○シリアカニクバエ……終齢幼虫がジャムの中に入っていた。同じく、水菓子の中に入ってい
た。
○ノシメマダラメイガ……菓子やパンの中、袋についていた。また、ポットの蓋《ふた》についていた。
○アズキゾウムシ……しまい忘れていた小豆《あずき》より発生し、部屋中に飛び出した。
○ヒロズキンバエ……弁当屋で買った、○×弁当の中に幼虫が入っていた。
以上が、比較的多く、月に数件の相談がある。混入過程は、消費者の手に入るまでの過程で、たとえば店頭や製造工程中で混入するものもあるが、消費者の手に渡ってからのものがかなりある。

いずれにせよ、それが消費者からかメーカーからかに関係なく、相談のあったものについては答えなければならない。偶発か作為的かによらず、最初に質問を受けるのは、「害はないか」ということである。

したがって、その対応上、やむを得ず、次の種類を試食した。

ノシメマダラメイガ *Plodia interpunctella*

本種はコメマダラメイガ、ノシメコクガともいい、貯穀、小麦粉、穀粉および菓子などより、しばしば発見される。

なお、このグループで問題になるものに、スジコナマダラメイガ、スジマダラメイガなどがある。

ノシメマダラメイガの生活史の概略は次のようである。

成虫の寿命…………一週間前後

一生の産卵数…………約二〇〇個

幼虫期間……………………一か月前後

蛹《さなぎ》期間……………………七日

一世代所要日数……四〇日内外

以上で、年に三‐四回発生するといわれるが、幼虫で越冬する。

○**幼虫のジュース**　終齢幼虫一〇頭を乳鉢に入れ、水二〇ミリリットルを加えて磨砕し、これを濾《ろ》過《か》し、その濾液を飲用。味覚は、賞めたものではなく、若干、舌の先に渋味が残った。

これは、ポットの蓋の裏に営巣付着していたのを知らず、これで湯を飲んでいた人に対する無害性を証明する実験のひとつであった。

○**バター炒め**　終齢幼虫二〇頭を、バターをしいたフライパンに入れ、蓋をして数分間、前後左右に動かしながら炒める。これを皿に移し、醬油《しょうゆ》をかけて食べる。外観は煮すぎた「もやし」のようで、抵抗なく口に運ぶことができた。味はよいとはいえないが、まずい切り干し大根というところであった。

いずれにしても、食後、今日までとくに身体に異常を感じないので、混入異物として誤食しても問題はないといえる。

アズキゾウムシ　*Collosobruchus chinensis*

本種は、貯蔵小豆の害虫で、試用昆虫としても知られている。

一般家庭で、しまい忘れた小豆から多発生し、部屋中を飛び回って相談を受けることが多い。人間とは欲ばりで、アズキゾウムシが人畜に無害とわかると、残りの小豆が食用になるか否かを問う。

被害の程度によるが、小豆の表面が若干、変色するレベルのもので、「おしるこ」を試作した。

これは失敗で、物にならず、口に入れたが「ほこり臭く」、味も苦味があって、虫そのものより悪かった。物を大切にする「昭和ひとけた人種」にも限界のあることを知ったのであった。

ケナガコナダニ *Tyrophagus putrescentiae*

本種は乾燥食品、菓子、チーズ、粉ミルク、味噌などによく発生する。

体長は〇・四－〇・五ミリで、個体単位では発見しにくいが、大発生した場合、全体が白く動くので一般の人にも容易に発見できる。

ダニの一生は温度で異なるが、二五℃では一二・六日、三〇℃で一〇日前後である。

以前、「ダニ入り味噌」が、新聞で話題になったが、そのときは相談が相次いだ。

そのとき、「ダニ入り味噌」と「ダニなし味噌」の味の比較をしたことがある。試作したのは、「わかめの味噌汁」で、これを同一条件で調理し、三人の女性に判定してもらった。

実験の結果、全員が「ダニ入り」の方が美味であるとの回答であった。再度、本品はダニ入りであると説明して判定させたところ、全員が「まずい」と回答した。

味とは、非常に感覚的なもので、「ダニの有無」は、まったく味には関係しなかったようだ。

しかし、私には「ダニ入り」の方が美味であった。天然品とは、雑多な物が混入しているから

「うまい」のではなかろうか。

つい最近「高級ブランデー」を持った人が来て、この中に、このような虫が入っていた、調べて欲しい、その結果を持って、求めたデパートに行くという。できれば証明書を書いてくれとの相談であった。

調べたところ、ユスリカ成虫の「残骸」だった。この種の物に入る可能性のないもので、開封後に入れたものである。

どうも動機に不鮮明なものがあったし、これを専門にしているにおいもした。これが、本当の「苦虫」というものだろうと判断し、証明書は書かずにお帰り願った。苦虫は足が二本のものが多いことを知りました。
（H）

栄養満点カイコの蛹

あらゆる昆虫類の中でも、カイコくらい昔からよく知られている昆虫は他にない。したがって、カイコに関しては、多くの専門書、その他に書きつくされているので、今さらここで説明する必要はないと思う。カイコが最初に人類に利用されたのは中国で、紀元前二七〇〇年頃といわれている。その後、有名な交易路、シルクロードで西洋にも知られるようになった。

日本には、朝鮮半島経由で入ってきたのであろう。日本でも養蚕の歴史は古く、三世紀頃にはすでに行なわれていたという。日本書紀や古事記にもカイコのことが記されている。その頃の日本人も、カイコの蛹《さなぎ》を食用にしていたのだろうか。中国では、古くから食用にしたという記録があるようだ。カイコが繭《まゆ》をつくって蛹になると、繭を煮るか、蒸気で蒸して中の蛹を殺し、絹糸を巻き取る。食用その他に利用するのは残りの蛹である。

養蚕の盛んな地方では、糸繰りをしながら蛹をつまんで食べたという。第二次大戦の前後の食料難の頃には、学校で学童に食べさせた地方もある。栄養満点、蛋白源《たんぱく》としては上等である。今、私の研究室に来ておられる、韓国の大学教授（生物学）にこの話をしたところ、その頃、韓国でもよく食べたそうである。現在は、養蚕があまり盛んでないので、ほとんど見られないが、朝鮮半島では古くからカイコを食べる食習慣があったそうだ。

カイコの蛹は、食用よりも他の利用価値が高いようだ。マス類など養殖魚の餌、家畜の餌、肥料、釣り餌にも用いる。昨年、神奈川県の二宮町の釣り具屋の店先に、大樽に入ったカイコの蛹があった。聞いてみると、クロダイの釣りの餌（まき餌）とか。クロダイは、スイカで釣る地方もある。かなり貪欲な魚のようである。

信州では現在でもカイコの蛹を大和煮にして、缶詰として売っている。食べてみると、昆虫独特の味で他の昆虫とあまり違いはないが、うまく味つけされていてビールのつまみならば十

上：信州珍味「カイコの蛹大和煮」缶詰の中身
下：白彊蚕

分いけそうである。よく煮てあるらしく、硬くて内臓などの味はせず、外皮のみの味である。前述の韓国の先生に試食してもらったところ、なかなかおいしいとのことであった。大和煮のみでなく、他にも何か調理法があるような気がする。

カイコは、薬用としても重用されている。写真は、昨年台湾の漢薬店で入手したものである。白殭蚕《びゃっきょうさん》というそうだ。これは、カイコが白殭蚕菌寄生のため硬化病にかかったもので、菌が体内で増殖し、死んだカイコの体から菌糸が出て、そこに胞子が多数発生して死体が白色となったものである。薬効の詳細は、和漢薬の専門書を参照していただきたい。鎮痙《ちんけい》、鎮痛薬として内服または他の生薬と混じて、散剤として内服するそうである。そのままかじってみたが、蛹の味とはまったく違う。辛、酸、甘味も全然なく、この味は何と表現していいかわからない。カビの生えた古い餅《もち》をかじっているようなものであった。それよりも、マラリアに効くとか、この方がとても興味がある。

カイコの糞も薬として用いられ、蚕沙とよばれ、なぜか、秋のカイコのものがよいとされている。やはり、鎮痛、鎮静剤として用いるようである。

カイコの利用法はまだある。繭を利用した細工物にとてもおもしろいものがある。毎年、上野動物園で開催される「動物と昆虫の愛好会の忘年会」では、翌年の干支《えと》にちなんだカイコの置物（おきあがりこぼしになっている）がプレゼントされる。写真は、今年（一九八六）のトラ。転んでも、転んでも必ず起きあがるトラ、タイガース・ファンが見たら涙を流して喜びそうなものである。

それにしても、カイコの利用度の多いのには驚いた。

（S）

繭でつくったトラ（まゆ工芸社）

「シルクロード」の虫・ウメケムシの味

先頃、知人の梅谷献二博士が「毛虫のシルクロード」というおもしろい文章を書かれた。これによると、卵をかためて産みつける性質のある「ガ」の幼虫は、生育期間中、集団生活する性質がある。この集団行動に深くかかわるのが、彼らの吐糸で作った「シルクロード」とのことである。

この、シルクロードを作る身近な種類には、オビカレハ（ウメケムシ）とアメリカシロヒトリがある。今回はウメケムシを材料にした。

これは、春先に梅や桜の木の枝の股の部分に白い絹のテントを張り、その中に毛虫が群れをなして集まっているのを見かけるが、その虫である。

一般に、ウメケムシとかテンマクムシとかいっているが、正しくはオビカレハ（帯枯葉蛾）*Malacosoma neustria testacea* とよばれ、日本全土に分布する梅、桜、桃、李《すもも》、梨などの害虫である。

年一回の発生で、樹枝上に卵で越冬し、三月上旬頃に孵化《ふか》し、五月下旬－六月上旬頃に老熟し蛹《さなぎ》になる。なお、一卵塊の卵数は二〇〇－三〇〇個と大量である。

孵化後、老熟するまでの間、枝叉の部分に糸を吐いてテントを張って群棲する。幼虫が大きくなるにつれて、テントは何度か場所を変えるが、その都度に大きくなり、四回目の脱皮でテント生活を終わり、単独で行動する。

おもしろいのは、テントの中の毛虫は毎日テントをはい出して、近くの葉や花を食べるのだが、この道筋は往復路がきまっているのである。

毛虫は、なぜ忘れずに同じ道を通るか？　よく見ると、この通る道に、一筋の毛虫の絹の道があって、毛虫たちはこれをたどるようだ。なお、この毛虫の絹の糸には特殊な化学物質が含まれていて、これが「道しるべ」となっているようである。

ただ、害虫として眺めているが、ウメケムシが生活していくために、人間が気づかなかった、不思議な仕組みがあったのである。

では、なぜ集まるか？　これは、一匹では餌に歯が立たないが、集団でいれば、そのうちの何匹かは餌に傷をつけるので、後はそれについていくだけでよいためだという。

私にとっては集団でいることは、材料が豊富で便利だ。それに「シルクロードの虫」、なんとなく夢があるうえに、加害植物も桜、梅、杏《あんず》など日本人好みの花。なんとなく食欲がわいてくる。

毛虫を集めるのには、長い竹竿の先端に脱脂綿を巻きつけ、灯油（ベンジン、ガソリンでも可）をタップリと浸みこませ、これに火をつけて「テント」を焼く。絹のテントは焼けて、毛虫がパラパラと雨のように降ってくる。下に敷いた新聞紙に、たちまち数百匹の材料が集まる。

集めた毛虫は、一昼夜絶食させて腸内のものを排出させる。元気なものばかりを集めて、料理にかかるわけだ。

最も簡単なのは、「炒り物」で、フライパンに適当量をとり、よくかき混ぜながら炒ると非

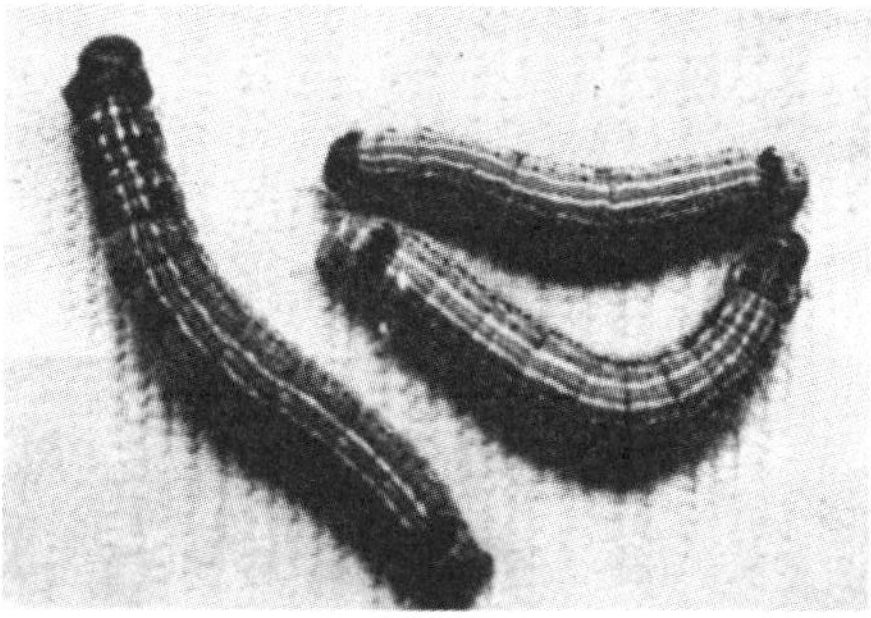

上：シルクロードの虫、料理前の姿
下：こんがりと炒りあげたシルクロードの虫
（においほど味はよくなかった）

常に香ばしいにおいがし、食欲をかきたてる。

上手に炒り上げ、これに醤油《しょうゆ》をかけて食べてみた。味はにおいほどではないが、「ハチの子」程度であった。前に食べた「孫太郎虫《まごたろうむし》」よりは上等だ。ただし、炒りすぎないことが大切。

佃煮《つくだに》を試みたが、材料がイナゴのように硬くないので、失敗した。出来あがりは、ふつうの煮物のようで、味は海草の「ひじき」の煮つけのようだ。

「天ぷら」、材質が軟らかく前処理がむずかしくて単品での料理は無理だった。何か、他の材料をつなぎに入れることにした。

今回は、山菜(タラの芽、ゆきのした)をつなぎにし、衣を薄くしてサーッと揚げたが、上出来であった。山菜の苦味に隠れ、違和感もなく食べることができた。また、いつも私の犠牲者?になる酒友に食べさせたが、まったく気づかずに食べてしまった。

これは、ウメケムシの味というよりも、山菜の味だったのかもしれない。いずれにしろ、「シルクロードの味」はまだ一般的ではない。

しかし、材料が豊富に得られるのは利点である。シルクロードには数千年の歴史がある。次年度に今一度チャレンジし、特徴的料理を完成したい。
(H)

カブトムシ牧場の幼虫

本格的な夏が近づいてきた。子供たちにとっては虫のシーズンである。しかし、都会の子供、とくに受験生にとっては、とても虫どころではないであろう。小学生の頃は、とても虫好きで、熱心に観察していた子供も、中学、高校生になるとぴたっとやめてしまうのは受験競争のせいだろう。また、最近は都市近郊の宅地開発、林野の無差別な伐採などで昆虫も少なくなってしまった。とくに、カブトムシやクワガタムシなど、昆虫の王様のようにもてはやされていた虫が少なくなっている。私たちが子供の頃は、カブトムシもクワガタムシもたくさんいた。朝早く起きて樹液の出ているクヌギやコナラの木のところへ行けば、必ず数匹のカブトムシやクワガタムシが採れたものだ。

今の子供たちは、カブトムシはデパートやペット・ショップで買うものと決めているようだ。デパートにはカブトムシのみではなく、キリギリス、タガメ、その他何でもそろっている。実際に森林に出かけて行っても、カブトムシはそれほど容易につかまらない。デパートで買ってくれば（一四三〇〇円?）いとも簡単である。

このようなわけで、今の子供たちは飼育方法もあまり知らないらしい。デパートで買った虫に餌も十分に与えないで、死なせてしまい、売り場にバッテリーの交換に来たという話もあるくらいだ。

カブトムシの発生は一年に一回、成虫期間は六－九月の四〇－五〇日である。したがって一生の間のほとんどを幼虫態で過ごしている。幼虫は、腐葉土や家畜の敷きわらを主とした堆肥《たいひ》、山中の製材所の鋸《のこ》くずの中などで発育する。ところが最近のカブトムシ牧場では、クヌギなどの材の鋸くずを主とした飼育場で大量飼育して都会のデパートやペット・ショップに出荷している。前述のごとく、昔は、カブトムシは虫の王様であったが、今日では、牧場で大量飼育されているのである。まるで食用の豚かブロイラーとまったく同じになり下がってしまった。

それに比べると、クワガタムシは大量飼育がむずかしいようだ。樹幹にもぐり込んで材を食べているせいか、カブトムシのようなわけにはいかないらしい。したがってクワガタムシの方は、まだまだ虫の王様である。オオクワガタは、大きく立派で、しかも個体数が少ないので、デパートで一四二－三万円もするそうである。

何年か前に、タイ国の衛生害虫調査に行ったとき、市場でタイワンタガメ（塩漬け）、ベンケイガニ（肺吸虫の中間宿主となる）の塩漬けなどの他、コガネムシの仲間も売っているのを見た。マグソコガネやダイコククコガネなどの成虫で、これを蒸して食べるとか。ニューギニアでも原住民がコガネムシ（種類が多い）を食べる。この他、カブトムシを生で食べる原住民がいるとも聞いた。

漢薬では、コガネムシを「蜣螂《きょうろう》」とよんでいる。種類は多く、タイワンダイコクコガネ、センチコガネの仲間が主である。この仲間は、糞ころがしともいわれ、草食動物の糞を転々ところがし、丸薬のようにし、その中に産卵する。数日後に、この中から、小型の「蜣螂」が出てくる。しかし、不思議なことに同じ仲間のカブトムシは用いない。

上：カブトムシの幼虫
下：タイのセンチコガネ(左はオス、右はメス)

さて、今回はこのカブトムシに挑戦してみた。以前から見当つけていた近くの森で探してみたが、小型のコガネムシの幼虫が出てくるのみで、カブトムシは採れなかった。しかたなく、ペット・ショップで入手した。今は蛹化《ようか》の時期で、絶対に動かせないというのを無理に分けてもらった。クヌギの鋸くずに入れて五四三〇〇円であった。これをすぐ水洗いしてみたのだが、鋸くずの臭みがとてもひどく、食用になりそうもない。考えた末、荒塩でよくもみ、これをから揚げと串焼きにしてみた。

生のままをから揚げにすると危ないので、一度蒸してからトライしたのだが、一－二分後、虫体の一部から水蒸気が勢いよく噴出したと思ったら虫体が破裂、油が付近一帯にとび散り、もう少しで火事になるところだった。それでも一－二匹は原型をとどめていたので試食してみた。他の二匹は、串刺しにして焼いた。どちらも、クヌギの鋸くずの嗅気が強く、しかも外皮が硬く、食べられるようなものではなかった。臭味をとるのには、何かスパイスを使う必要がありそうだ。東南アジアには、いろいろな種類の香辛料がある。今度は、それも研究してみるとしよう。

虫好きの連中が集まると、あの虫はうまいとか、あれは全然食えないとかよく話が出る。カブトムシの幼虫については、「ゆでて食ったらゴムのようでとても硬かった」とか、「いやそんなものでなく、鉄板で焼いて食ったらうまかった」とかいろいろな話がある。私の試食の結果は前者の方で、とても食欲が起きなかった。

それにしても、コガネムシやタガメなど、虫ならば何でもというくらい食べるタイの人々の食虫習慣には脱帽である。食虫王国、信濃も足下にもおよばないのではないだろうか。

（S）

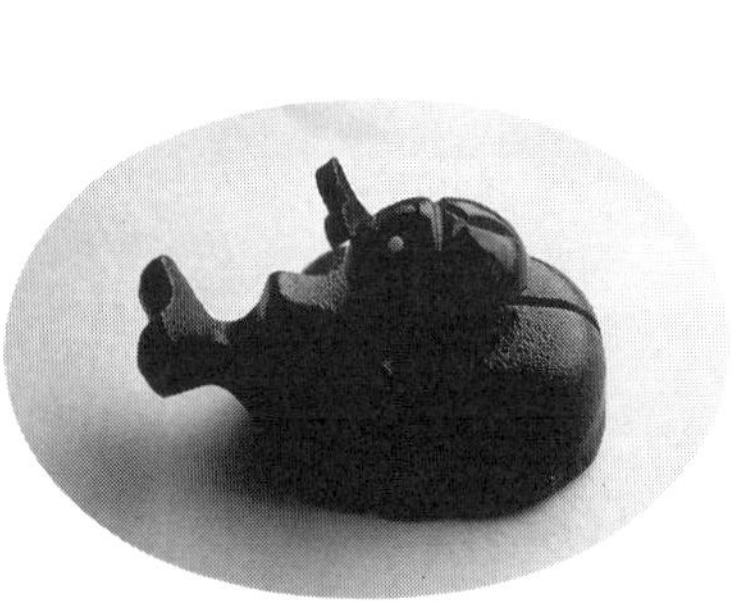

南部鉄でつくった
カブトムシの文鎮（岩手県）

毒蛾（マツカレハ？）の味

いつも、私の犠牲になる酒友が、たいへんよい材料を入手したのでと持参したのが、今回の材料となった「毒蛾の幼虫」である。

食べることに、若干の抵抗を感じたが、虫味評論家としては後には引けず、試食させられた。

今の時期、庭木の手入れや不用意に藪に入ったりすると、ドクガの被害にあうことがある。

皮膚炎と関係あるドクガの種類は非常に多く、よく知られたものだけでも、加納六郎博士（東京医科歯科大学学長）の調査によると八科四〇種を下らない。

一般にドクガといわれ知名度の高いのは、ドクガ、チャドクガ、モンシロドクガなどである。最も代表的なドクガ *Euproctis subflava* は日本全土に分布して、年に一回発生する。成虫は七－八月に出現し、その寿命は一週間前後である。交尾後、すぐに産卵するが、その産卵数は一回に五〇〇個前後で、一生に二－三回産卵する。

人が被害を受けるのは、幼虫によるものは五－六月で、成虫によるものは七－八月が最も多い。

ドクガが毒性をもつのは、幼虫の毒針毛で、成虫の鱗粉が人を刺すのではない。夜間、電灯に飛来した成虫による被害は、メス成虫の尾端に付着した毒針毛（羽化する際に、蛹《さなぎ》内で付着する）によるものである。

毒針毛は、皮膚に付着しただけでは症状はあらわれない。これを、こすったり、搔《か》いたりすると、三〇秒から二分くらいで症状があらわれて、不快なかゆさは一〇日前後は続く。

ドクガの他に、問題になるものはタケノホソクロバ、マツカレハ、ヤネホソバなどがある。

親切な？　友人より提供された、くだんの毛虫はどうやらマツカレハのようだ。

マツカレハ *Dendrolimus spectabilis* は、カレハガ科の蛾で、松の大害虫である。

発生は年一回、出現の時期は五－一〇月で、最盛期は七月中旬－八月中旬である。

持参された材料は、体長が八センチ、すこぶる元気な終齢幼虫であった。

早速、三日ばかり絶食させて、腸内の物を出させる。

○**毒蛾の煮物**　毒針毛を取り除く必要上、ガスの炎で焼き、表面に毛が残らないようにする。これを十分に水洗いして、不用な内容物を除去するために開腹し、ふたたび水洗いする。これに、醬油《しょうゆ》で味付けをし、落し蓋をして煮込む。この間、非常によいにおいがし、すこぶる食欲をそそる。

さて、出来あがった物を器に盛ると、なんとか料理らしくなった。

唐辛しの塩漬けのような感じがするが、眼をつぶって口の中に投入した。意外に、ゴリゴリして、味は虫共通のもので、品質の悪い「するめ」という感じであった。

しかし、決して美味ではないが、救荒食にはなる。

○**刺　身**　毛焼きと開腹、水洗いの終わったものを、まな板の上でよくこさぎ、水洗いして氷の上に置く。

見た感じは、寿司だねの「しゃこ」を連想する。イッキにこれを、わさび醬油で食べた。舌ざわりは、硬くてジャリ、ジャリするが美味ではない。煮物の方が食べて美味であった。当初から、好んで食べたわけではないので、好意的な論評は出来ないが、焼いて食べるのが最もよさそうだ。

後で知ったのだが、中国では不老長寿の薬として使われたそうである。

（H）

アシナガバチとスズメバチ・露蜂房の話

今年（一九八六）は六―七月にかけての天候があまりよくなかったせいか、夏になっても昆虫が非常に少ないような気がする。「せみ」のところで書いたが、お茶の水橋のたもとのミンミンゼミもアブラゼミもなんとなく少ないようだ。例年ならば、街路樹にたくさん天幕を張る「テンマクケムシ」アメリカシロヒトリの天幕も、十数個見たにすぎない。近くの家の庭のサザンカに毎年発生するチャドクガの幼虫も、今年は一匹も見なかった。毎朝、駅までの約一・五キロの道沿いでずっと続けて観察したが、やはりチャドクガは見られなかった。

ところが、今年はどういうわけか、わが家の庭の生け垣にアシナガバチ二種とスズメバチ

（コガタスズメバチ）が巣をつくった。コガタスズメバチの巣に気づいたのは六月中旬。生け垣の一角にトックリを逆さまにしたようなものがぶら下がっているのを見つけた。これは、越冬した女王蜂がつくった最初の巣で、この頃は、下から出入りしていたが、六月下旬に、下に突出していた出入り口を壊し、横側に出入り口をつくっていた。よく観察していると、この頃には、働き蜂が数匹になっていた。このぶんでいくと、八月中旬には、巣の直径は二〇センチをこえ、働き蜂の数も二〇−三〇匹にはなるだろう。働き蜂が増えると巣づくりも非常にスピード・アップしてきた。営巣しているのは、勝手口の先一メートルくらいのところ、家族は毎日五〇センチくらい離れたところを通るので、ひやひやしているが、コガタスズメバチは比較的おとなしく、しかも最初からあまり刺激していないので、今のところ被害はない。一〇−一一月になって、女王蜂や雄蜂が出てくると気が荒くなり危なくなるそうである。

一方、こちらはアシナガバチである。巣房の形から推察すると、二種らしい。日本には七種のアシナガバチが生息している。その主なものは、巣房の形である程度見分けることができる。わが家のアシナガバチの一つは、キアシナガバチ *Polistes rothneyi* のようだ。鐘形で直径約六センチの巣をつくっている。これから、ますます大きくなり、巣の直径は一〇センチくらい

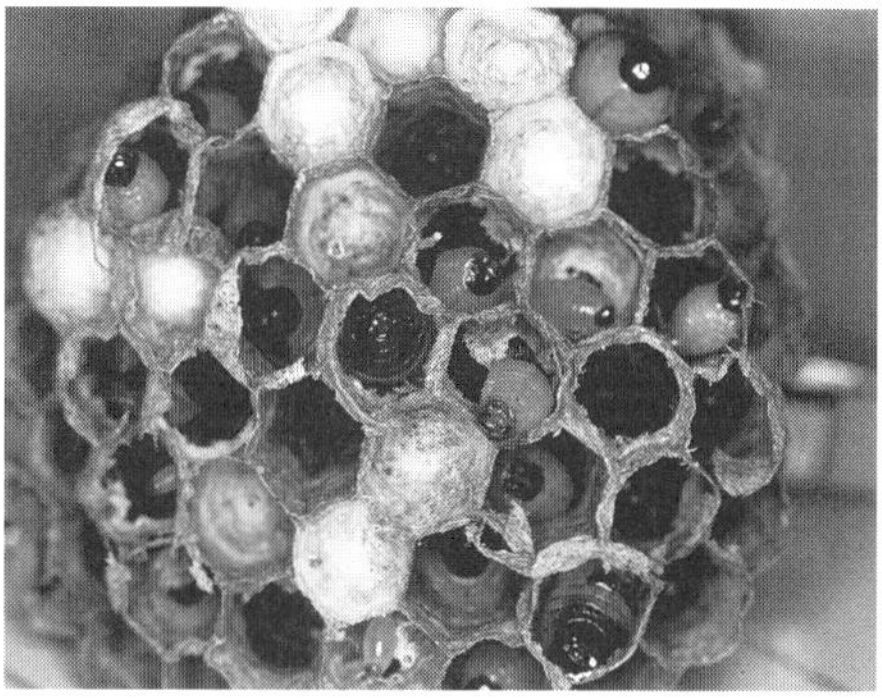

上：キアシナガバチと巣
下：コアシナガバチの巣

になる。今のところ、成虫は六四、巣房数は七〇−八〇である。多いものでは、数百にもなる。もう一つは、コアシナガバチ *Polistes snelleni* である。巣房は、柄のところから、だんだんと横に向かって伸びていき、そのうちに、背面が強く曲がっていく。働き蜂の数は、今のところ二〇匹くらい、巣房数は約一〇〇である。これらの巣房には、それぞれ、卵や幼虫、蛹《さなぎ》などが入っている。

スズメバチもアシナガバチも、分類学上は、スズメバチ科に属し、それぞれアシナガバチ亜科とスズメバチ亜科に分けられている。

これらの成虫は、木や草の表皮、竹の表皮、ときにはダンボール箱の表面などの繊維質のものをかじって、唾液と混ぜてパルプ状にして巣をつくる。外層はとってきた材料をそのまま利用する。わが家のスズメバチの巣の材料は、向かいの家の庭の檜《ひのき》の皮らしく、毎日何度も何度も通っている。しばらくして樹幹をみると、かみちぎられて表面が赤褐色に変色していた。まさしく、総檜造りの巣房である。

漢方では、これらスズメバチやアシナガバチの巣を「露蜂房」といい、薬として用いるという。中国では、露蜂房を大きさや形で分け、牛舌蜂と玄瓠蜂などという名称があるようだ。コアシナガバチの巣をつくづく眺めてみると、なるほど「牛舌」とはよく言ったものと改めて感心した。

蜂房の成分は、カルシウム、鉄、蛋白《たんぱく》および、一種の揮発油を含み、そのアルコール、エーテル、アセトンなどによる抽出物の薬理作用は、血液凝固の促進、心臓の運動増強、血圧の一時降下、利尿作用などである（難波恒雄『原色和漢薬図鑑』（下）一九八四）。民間療法では、黒焼きにした粉末を湯で服用したり、煎じて服用したりするそうだが、薬効の方は、その道の専門家にお任せする。

薬用としての蜂房を採取するのは一〇－一二月がよいようである。方法はさまざまだが、昔は火で成虫を飛散させて採った。秋のスズメバチの巣は、働き蜂の数が多く、とても危険である。スズメバチの巣は、出入り口が一か所なので、中にエーテル、クロロフォルムまたは殺虫剤を注入して蜂を殺してしまえばよいというが、出入り口をふさぐのはどう考えても容易でない。採取した巣房は、幼虫や蛹を取り除いて十分に日光で乾燥してから用いる。秋の巣房が薬用としてよいのは、幼虫や蛹が少なくなり、乾燥中に腐敗しないからであろうか。

ここまで書いたところで、わが家の露蜂房も、そろそろ危くなりそうなので、少々かわいそうだが、私の手に負えるうちに取り去ることにした。夕方七時頃、エーテルを浸ませた脱脂綿で出入り口をふさぎ、中の蜂を麻酔した後、枝ごと切り取った。薄暮れ時であるから、何匹かの蜂は外に出ていた。見張りの蜂も穴から頭を出しているので、出入り口をふさぐのは容易ではない。個体数が少なかったのと、手のとどくところに営巣していたのでなんとかなった。外にいた蜂は、捕虫網で採る。高い樹の枝や、天井裏などの場合には、こんなわけにいかないだろう。家屋周辺で営巣するのは、関東地方ではコガタスズメバチ、関西ではキイロスズメバチが多いようである。

この巣は、直径約二〇センチ、重量五〇〇グラム、働き蜂が約五〇匹いた。巣房二段で房数約二五〇、蛹になっているものが一〇〇房くらいであった。あと二－三週もすれば、働き蜂が倍増するところであった。

食味の方は本書の「ハチの子」に、ケブカスズメバチについて書いたので、省略する。キアシナガバチをちょっと食味してみたが、味はまったく変わりなかった。幼虫がもう少したくさんとれたら、信州のハチの子飯を試食しようと思っている。ハチの子飯は、信州の昆虫食のなかでも、最もおいしいとされている。

過日、台湾へ衛生害虫調査に行った際、山地の食堂兼売店に蜂王酒というのを売っていた。

よく見ると台湾の蒸留酒「米酒《ビーチユー》」にスズメバチの成虫や幼虫を漬け込んだものであった。精力剤だそうで、私も早速まねしてつくってみた。味と効能のほどはまたいつか書くことにしたい。

それにしても、スズメバチの巣の芸術的な美しさ、すばらしいものである。総檜造りの巣を取り壊すのはとても残念であった。

（S）

コガタスズメバチの巣

野蚕の味覚

昨今の食品は、天然のものよりも栽培品、養殖物が多い。たとえ天然品であったとしても、古来、わが国特産品と称されたものが、ほとんど外国からの輸入品であったという例はめずらしくもない。

先頃、子母沢寛の『幕末奇談』を読んでいると、近藤勇の義父、近藤周助邦武という剣術師匠はたいへんな悪食《あくじき》で、手当り次第に蛇やマムシ、昆虫をむしゃむしゃと食ったので、この人の姿をみると蛇が隠れてしまったという話が府中や日野の在に残っているとあった。

私のは、それほどではないにしろ、食味のための虫が思うように姿を見せてくれない。

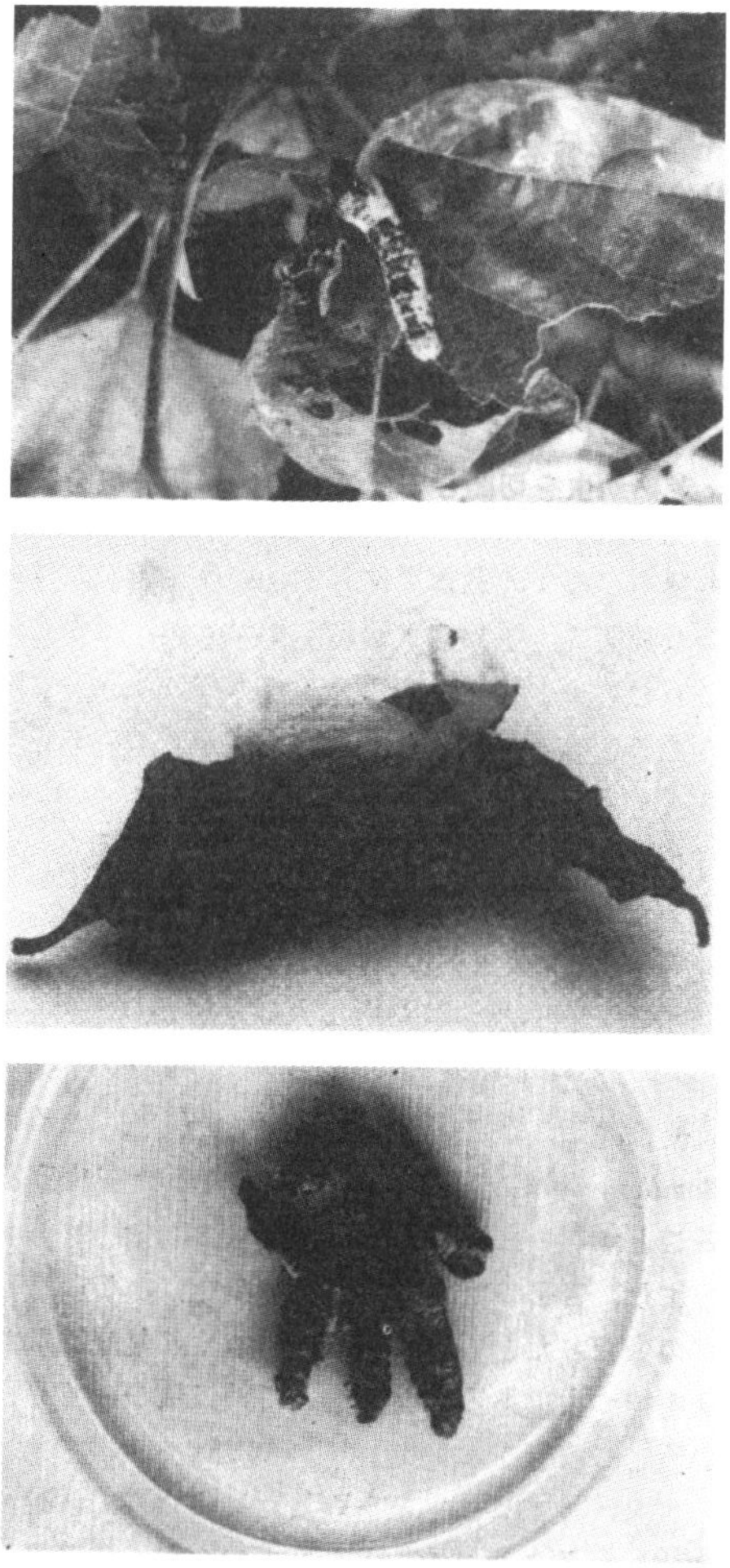

上：野生の桑に鈴生りになっていたクワゴの幼虫
中：黄帝の妃がほれこんだ繭
（カイコの糸より少し弱いが色がよいという）
下：炒って醤油で味つけしたクワゴ、
香ばしいにおいがして実にうまい

ごく最近、殺虫剤の実地効力試験を行なうため、市原市《いちはら》の在へ出かけたところ、天の助けか？　一本の桑の木に虫が鈴生りになっているのに遭遇した。しっかりと、材料を集めて研究室に持ち帰ったのは、もちろんのこと。

早速、種類を確認すると、これはクワゴ *Bombyx mandarina* といい、カイコガ科に属する虫であることが判明した。幼虫図鑑によると、本種は六月下旬頃老熟し、灰白色の繭《まゆ》をつくって蛹《さなぎ》になるとある。私が採集したのは、九月八日で終齢幼虫であった。暗褐色の不定形斑点を持ち、頭部は丸く盛り上がったさまはなんともかわいい虫である。

早速、二四時間、絶食させておいたところ、半数が蛹になってしまった。

さて料理だが、まず、「絹糸腺の酢の物」である。

老熟幼虫を切開して、ていねいに絹糸腺を抜き取り、水洗して、そのままポン酢で食べた。とくに味覚はないが「もずく」を食べる感触で、ぬるりとしていて良好なり。酒のつまみに可。

さて、次は炒って醬油《しょうゆ》で味つけをしたもの。

こってりとした大形幼虫を、アスベストの上でこんがりと炒り、これをフライパンに移して醬油で味付けをした。なんといっても、香ばしいにおい!!　食欲をそそる。

カイコは美味と聞いていたが、私自身、これを試したことがないので比較できない。いずれにしろ、クワゴの味は良好で、イナゴよりよい。

後日、このクワゴをよく調べると、カイコ *Bombyx mori* と近縁の種で、カイコの原種であることがわかった。また、黄帝の妃が魅せられた織布は、このクワゴの糸だったといわれている。たいへんに歴史的な意味を持つ虫であることがわかって、二度びっくりというところである。

古来、カイコは生糸を取るだけではなく、蛹や幼虫が食用や薬用に利用されていたが、このクワゴも例外ではなかったと思う。カイコの成虫の頭、翅《はね》、脚を取って炒った粉末を、蜜と混ぜ団子にしたものを毎晩飲むと陰萎に効果があると、『昆虫本草』にある。

クワゴは野生種（天然品）であるので、カイコよりも効果があると思い、次には、この実験をするべく、残りの繭《まゆ》を大切にしている。

どうも、私の場合は、物が先にあって、知識が後になる癖があるので、これの治る虫はないかと探して試すことが先かとも思う。

（H）

サワガニを食べる

昆虫学にサワガニが登場するのは少々おかしいかもしれない。英語で昆虫学のことをEntomologyという。日本では、三本脚の昆虫を研究する学問にかぎり昆虫学といっているが、Entomologyには四本脚のダニも含まれている。さすがに十脚類のエビ、カニまではこの範疇に入らないようだ。しかし、エビやカニも昆虫と同じく、節足動物なので、今回はサワガニに登場してもらうことにする。

先週（一〇月中旬）の医動物学実習は、吸虫類についてであった。今回の実習テーマのひとつとして、学生諸君にサワガニを解剖してもらって、体内に寄生している宮崎肺吸虫（ジスト

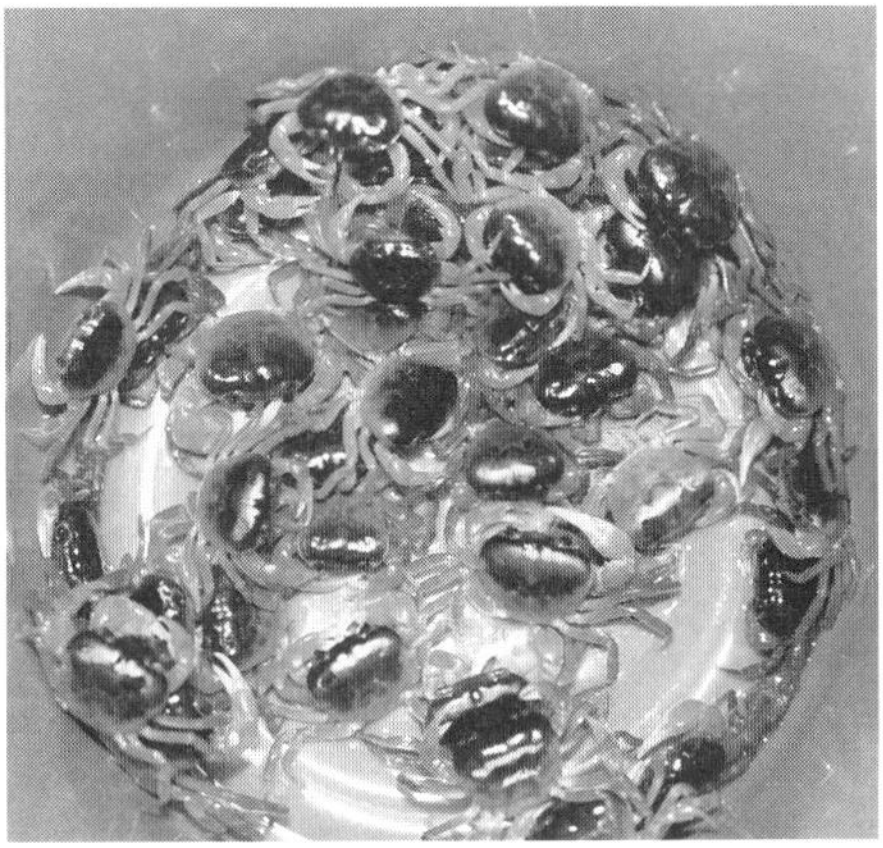

上：宮崎肺吸虫の中間宿主サワガニ
　（大井川上流のものはとくに美しい）
下：サワガニのから揚げ

マ）の被嚢《ひのう》幼虫（メタセルカリア）を観察してもらった。カニを実習テーブルに配布していたところ、一人の学生が「あれっ、このカニはうまいんだ、から揚げにすると食べられる」と言っていた。聞いてみると、ぐらぐらの油の中に片手でナムアミダブツと唱えながら生きたサワガニを一匹ずつ放り込んで、食べるのだそうである。「これはうまいんだが、医動物の実習に出てくるようでは食べる気がしなくなった」などとぼやいていた。サワガニを食べる地方はたくさんある。だいたいは海から離れた山地だが、近頃は、デパートの食品売場でも売っていることがある。

最近、といっても一九七一年頃、東京、神奈川、山梨などでサワガニを生で食べて宮崎肺吸虫症にかかった症例が出はじめた。患者は関西地方でも見つかり、今日までに一五〇例以上にもなっている。サワガニを生で食べる習慣は、日本人にはないが、この症例のほとんどは、料理屋で刺身などの皿のまわりに飾りつけてあったサワガニを酔った勢いで生食したもののようで、ほとんどが、中年の酒好きの男性である。サワガニを盛りつけの飾りにすると聞いたときは、まったく信じられない思いがした。というのも、いつも山で見なれているサワガニは、紫色（四国のもの）とか、茶褐色のもので、お世辞にもきれいとはいえない。

ところが、築地の魚市場経由の問題のサワガニは、大井川源流近くのもので、赤褐色ですばらしくきれいである。なるほど、これならば皿のデコレーションにもなると思った。

さて、このサワガニを生で食べ、メタセルカリアが人体に入るとどのような症状があるのだろうか。主な症状は、感染後二‐四週から胸痛、咳、微熱をあらわし、気胸、胸水貯留も見られるようである。

宮崎肺吸虫は、本来はイタチ、テン、クマ、タヌキなど野生動物の他、イヌ、ネコなどの寄生虫である。人は好適な宿主ではないので肺に虫嚢をつくって定着せず、肺実質に入ったり、胸腔に出たりして移動する。そのために、前述のような症状が見られる。

感染源のメタセルカリアは、サワガニの心臓と肝臓の部分に集中している。カニの甲羅《こうら》をはずしてみると、体の中央部に心臓、その下方に肝臓がある。この部分をピンセットで取り出し、少しずつ検鏡するとメタセルカリアが見つかる。甲羅の方にある通称カニミソのところからも見つかることがある。直径〇・四ミリくらいの球型で、見馴れた人ならば肉眼でも見える。

メタセルカリアを持っているサワガニは、東海以西に多く、このうちでも、東海、四国、九州地方のものに寄生率が高いようである。私が四国の今治の蒼社川《そうじゃがわ》という小河川で調べてみた

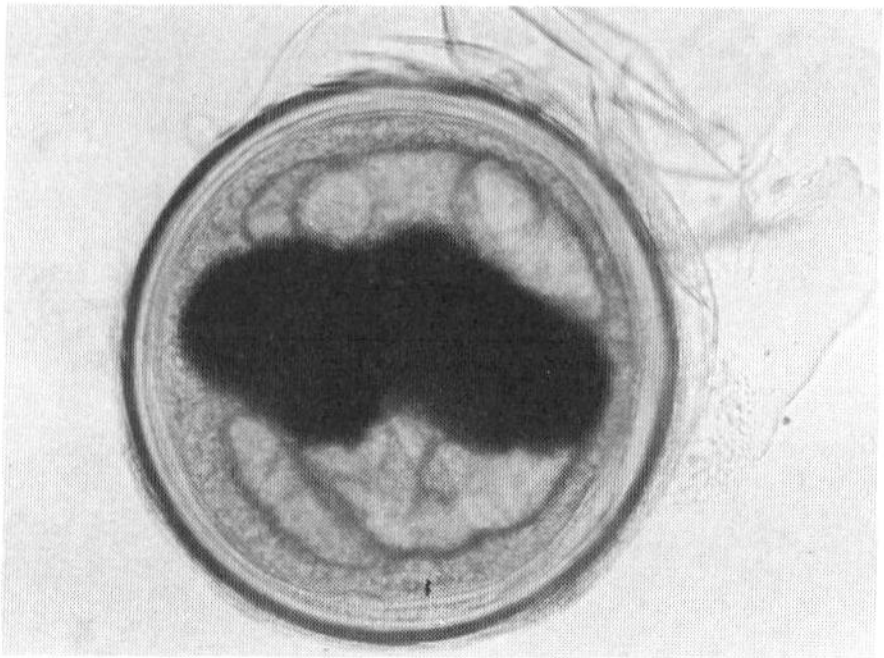

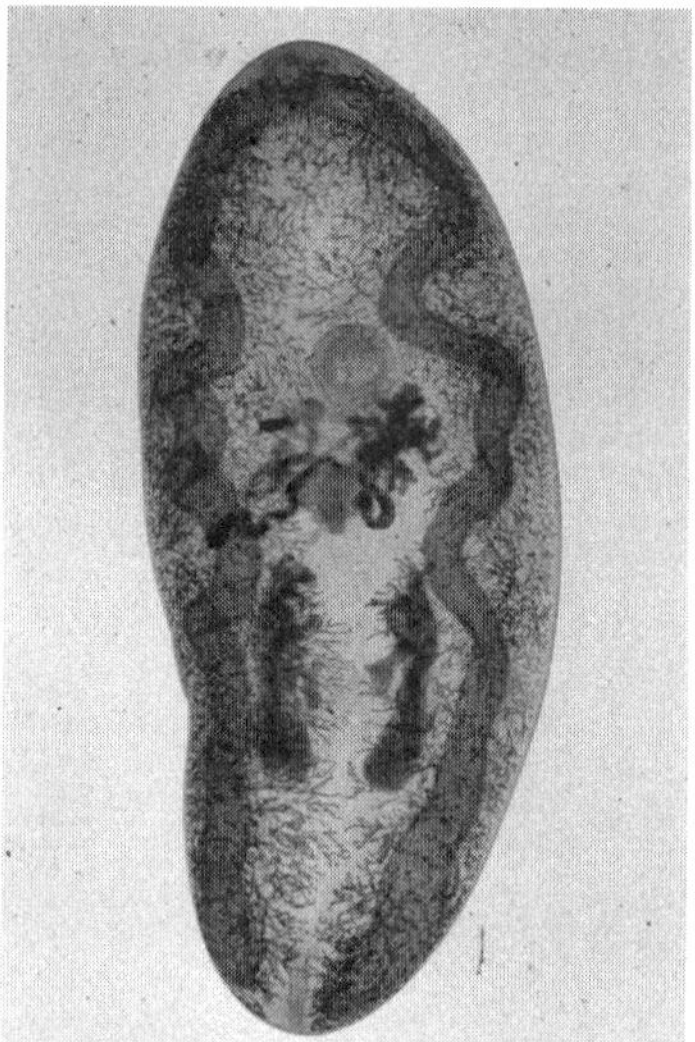

上：宮崎肺吸虫(メタセルカリア)
下：宮崎肺吸虫(成虫、圧平標本)

ところ、三〇四匹中一五四匹にメタセルカリアが見つかった。佐野基人（『食品寄生虫』南山堂、一九八四）によると、静岡県の大井川の流域は、濃厚感染地として有名で、カニのメタセルカリア保有率は非常に高いのだが、ここの住民はカニを生食する習慣はなく、これまで患者は一人も出ていない。

さて、サワガニの料理だが、料理の本では、油でさっと揚げてから塩をふって「ばりばり食べる」とある。ごていねいに「サワガニは、肝臓ジストマ（肺臓ジストマの誤り）を持っているから、十分に火を通すこと」と書いてある本もあった。私もそのから揚げを試みてみることにする。ただ揚げるだけではつまらないので、まず油を熱しておいて、サワガニを入れ、三〇秒、一、二、三、四、五分後に二匹ずつ取り出して、甲羅を取り、実体顕微鏡で火の通り具合を調べてみた。三〇秒ではなんとなく生っぽいのだが、一分後のものは、十分に熱が通っているようだったので、から揚げならば何の心配もなく食べられる。

こんなことを書くと、普段からサワガニを好んで食べている人に笑われるかもしれないが、私は、今までほとんど食べた経験はなかった。でもなかなか美味しいものである。「ばりばり食べる」とあったが、なるほどそのとおりであった。

淡水産のカニを食べるのは、日本人のみではない。私の知っているのはタイ国のマーケットで、そこでは、ベンケイガニに似たカニの塩漬けを売っている。甲羅の直径数センチのカニで、ザルに山積みしていた。このカニも肺吸虫のメタセルカリアを持っていて、タイ国での主な感染源となっている。タイの人々が、このカニをどのようにして食べるのか聞きもらしたが、肺吸虫患者がいるのだから、生に近い状態で食べるのであろう。

いずれにせよ、いくら酔っぱらっても、サワガニを生で食べるのはよしてください。

（S）

カマキリのから揚げ

今までに、私の食膳にのぼった虫たちは少なくないが、人には好みがあって、虫ならなんでもよいというわけにはいかない。材料を入手し、調理はしたが、どうも食欲のわかないものがある。私としたことが、どうにも駄目だったもの、それは「カマキリ」であった。

カマキリは、カマキリ科（蟷螂、Mantidae）に属し、世界に約二〇〇〇種が、わが国でも九種類が知られている。首が長くて、大きな鎌を持つ姿は、決して平和的ではない。

その性質は剽悍《ひょうかん》で、獲物を見れば自分の力をわきまえず、猛然と挑む。これは、「カマキリ伝説」を生み、「進む事を知って退く事を知らず」なる、なんとなく自嘲的な感じを与える言葉となった。

それは別として、カマキリは肉食性で昆虫類を捕食するので、農業では天敵として有用昆虫でもある。一般に知られている習性に、メスが交尾時にオスの首や胸を食べることもあるので、亭主を食べる鬼女房などといわれている。


先般、平素はまったく吠えることを知らない、小生の愛犬（シーズー種）が、どうしたことか、ウーッ、ウーッと騒がしいので、よく見ると一匹のカマキリを発見した。早速、周辺を探して体長七–八センチのものを五頭ばかり採集した。

肉食性であるから、さぞ美味であろうと調理にかかったが、普通、カマキリにはハリガネムシが寄生していることを思い出し、開腹して吟味のうえ料理する。なんといっても、安全性の高いのが「から揚げ」なので、これにして早々と試食と思った。

茶褐色にできあがった姿を、しげしげと眺めているうち、その昔、私のニックネーム（あだな）が、「飢饉《ききん》年のカマキリ」であったことを突然に思い出した。

この由来は、「痩せこけて色が黒かった」ことにあった。今日の姿からでは、まったく想像

上：料理をいやがるカマキリ
下：カマキリの卵嚢（塊、この中に100-200個の卵がある）

もできない、痛ましい呼び名である。「から揚げ」のカマキリに、わが若き日の姿を思い浮かべると、懐かしくて、とても口にする気がなくなった。

ところで、カマキリは食用になるのかと、調べてみたところ、『薬用昆虫の文化誌』、『蟹の泡ふき』、『世界の食用昆虫』などに立派に紹介してあった。なんと、驚くなかれ、カマキリは薬用として著効あるため、古くより珍重されていたのである。

文献によると、カマキリは桑螵蛸《そうひょうしょう》（蟷螂の仔）といい、これを用うれば精力減退を治す由。また、小児の夜尿症に効くともいわれている。この他、産後の遺尿、帯下《たいげ》、めまい、腰がだるく痛む場合にもよいとのこと。なお、『昆虫本草』によれば、カマキリはその種類の区別なく、イナゴと混ぜて調理して用いるとよいと記されている。

その効用であるが、カマキリを乾燥して、これを焼いて味をつけて食しめると小児の疳《かん》によい。これまた、焼いて粉にして与えると小児の「よだれ止め」によく、成虫の他、卵もよい由。

おもしろいことに、「ねずみ」にかまれた時、カマキリをつぶし、うどん粉で練ってつけるとよく効くとのこと。これは、動物実験中に、時に油断してかまれることがあるので、試してみるつもりだ。

結核、肋膜、咳止めには乾燥品を煎服あるいは、醬油《しょうゆ》漬けにして食べるとよいとのこと。また、指にささくれができたとき、カマキリの体をすりつぶし、その汁を塗布するとよいとのことだ。「ハゲ」には、カマキリをヤシ油とともに煎じて飲むとよいとのこと。これは、そのうちに実験（小生の兄は、かなり「ハゲ」ているので、もっともらしく調整して、秘薬として提供）してみるつもり。

以上、なんとも、カマキリの効用の多いことか……。

せっかく料理した「から揚げ」に、つまらんメンタリズムで食欲を失ったことを残念に思った次第である。

無駄にするのも惜しいので、第一発見者の愛犬に提供したが、尻尾をまいて後ずさりをした。どうやら、大鎌で鼻先を攻撃されたようだ。

今回は、主従ともども敗退の始末であった。しかし、かなりの量のカマキリ干しを用意したので、次なる実験を楽しみにしている。

そのうち、「秘薬蟷螂丸」ができないともかぎらない。

（H）

秋の味覚――自家製イナゴの佃煮

秋の味覚といえば、なんといっても果物だろう。果物の他にもキノコ類、とくにマツタケは高価でわれわれ庶民の口には入りそうもない。先日、ある新聞の片隅に、愛媛県伊予三島市の翠波峰《すいはみね》（八〇〇メートル）の山頂付近の市有赤松林で「マツタケ採取ご自由に」という記事があった。一日三キログラムも採ったベテランもいるとか。ここは、私の小学生の頃のホーム・グラウンドで、この山にはよくキノコ採りに出かけたものだ。このシリーズで以前に書いたギンヤンマもこの地方の話である。

さて今月の話題は何にしようかと考えながら、いつもの裏山に出かけた。私の住んでいるコンクリート・ジャングルとはまったく異なる田園風景が見られるところである。一〇月も終わりに近づくと、稲刈りも終わり、あちこちで刈り取った稲を束にして干している。普段だと田んぼの脇道は、除草されてなく、マムシに注意などという立札が立っていたりする。この辺りは、秋の虫の天国でもある。カマキリ、オンブバッタ、ツユムシ、イナゴなどなど……。数えるときりがない。もちろん、マムシもいるし、シマヘビや有毒のヤマカガシもよく見かける。

第二次大戦後しばらくして、有機塩素系の殺虫剤であるDDTやγ‐BHC（Lindane）が使用されはじめた。そして水田には中毒事故で有名なパラチオンの大量使用などで、水田の周辺から昆虫類が消えてしまった時代があった。ところが、これらの殺虫剤の使用が禁止されるのと並行して、イナゴなども少しずつ復活してきたようである。

私が小学生の頃、先の翠波峰山麓では、秋によくイナゴ採りをさせられた。また、田植えが終わってしばらくすると、ニカメイチュウの卵塊採りもした。ニカメイガは、今では見ようと思ってもなかなか見つからないが、イナゴが増えてきたのはうれしいかぎりである。

イナゴを採るのは、水田に水のある時期よりも、稲刈りが終わった頃がよいようだ。田んぼに水がなく、秋冷えでイナゴの方も運動が不活発で、この頃だと容易につかまるが、九月頃だと水田の中の方に逃げ込んだり、手を出してもすぐに茎の裏側にまわったりしてなかなかつかまらない。採ったイナゴは、今はビニール袋など何でもあるが、昔は、布袋の口に竹筒をしばりつけたものか、何もなければ、単子葉植物の茎を利用した。写真のように、イナゴの胸部を草の茎で刺し通して集めたものだ。

前書きが長くなってしまった。秋の味覚、秋の虫の食味はなんといってもイナゴ。そこで空の牛乳パックを持ってイナゴ採りに出かけた。稲刈りの後の田んぼでは実に簡単に採れる。

イナゴは、ふつうゆでてから甘露煮や佃煮《つくだに》にして食べる。最近の産地は、東北地方とか、イナゴ集めについては、農業環境技術研究所の福原さんが『インセクタリウム』という雑誌に、とてもおもしろく紹介しておられる。小学生などに頼んで集めたイナゴは、布袋に一〇－一五キログラムくらいずつ入れて集荷場に到着する。これがそのまま佃煮屋さんに運ばれるのではなく、運ぶまでの間に、死んだりする損害を少しでもなくするためか、一度ゆでてから送られるそうだ。一日に三－四トン、多い日には一〇トンも集められるとか。これをクレーンで大釜に移し、一〇－一五分ゆでてから出荷される。

福原さんは、イナゴの佃煮の中から、一九三四年に中国で新種として発表されて以来、まっ

上：単子葉植物の茎にさしたイナゴ
下：オンブバッタ、味はイナゴよりも落ちる

たく採集されていなかったニンポーイナゴ *Oxya ninpoensis* というめずらしいイナゴを発見した。一九六九年のことである。発表以来三〇年ぶりであった。イナゴの佃煮を温湯に数日間浸し、七〇％アルコールに移して保存し、一四一四調べたそうである。なぜ佃煮になったイナゴの種が判別できるのか不思議に思う方がいるかもしれない。実は、イナゴ類を分類するには、外部生殖器（とくにオスの）の形態が重要だからである。昆虫の体は、硬い外骨格をもっているので、煮つめたくらいでは形態が変化しないのである。

さて私も、イナゴ料理に挑戦した。今回は、自家製イナゴの佃煮である。採ってきたイナゴを一－二日そのままにして糞を排出させる。そして、沸騰した湯に入れ、十数分煮る。一－二分すると緑色をしたイナゴがたちまち赤紫色になる。その後、水できれいに洗い、砂糖、醬油《しょうゆ》、酒などで甘辛く煮れば出来あがりだ。市販のものは、おそらく糞を出したりしていないだろう。自家製のものは、この点きれいである。イナゴの他についでに取ってきたカマキリ、オンブバッタなども混ぜてみた。イナゴの味は市販のものより上等であった。カマキリもオンブバッタも同じような味だったが、しかし、秋の虫の味は、イナゴに勝るものはありません。

（S）

虫粥

最近、奇妙な現象が多い。

先日、住民から、「小さなチョウチョが群れをなして、家の中に入って困る‼　なんとかして欲しい」と相談があった。

問題の場所はというと、人里を離れた養鶏場だという。

ちょっと、理解できなかったが、早速、現場を調査したところ、問題の虫はカシノシマメイガであった。今日の「ニワトリ」は、ハコベやかき殻などではなく、穀類の調合飼料を食べているので、これがそのまま、カシノシマメイガの餌になった次第。

その発生源である高床式大鶏舎は、糞のたまる床下は通風がよく、鶏糞が適度に乾燥し、内部が幼虫の発育の適温となるため、時ならぬ大発生をみる。

なお、この虫の生活史は次のごとし。

カシノシマメイガ（菓子の縞螟蛾）は、学名を *Pyralis farinalis* といい、鱗翅目《りんしもく》のシマメイガ科に属する。なお、英名を meal snoutmoth といい、世界に広く分布する。

この虫は、倉庫の脱漏米などの塵埃《じんあい》中につづり合わせた屑《くず》の中で生活する。主として、植物質の食品を加害するが（やや変質した塵埃状の穀類）、清浄な穀類などは直接加害しない。

卵期……………五－七日
幼虫期…………四五－六五日
蛹《さなぎ》期……………一〇－一五日
成虫の寿命………七－一〇日
発育所要日数……六七－九五日

発生回数は年に二－三回、発育適温が二五℃で、幼虫態で越年する。

問題の場所の周辺をよく見ると懐かしいハコベが青々と繁茂していたので、なんとなく摘んできた。ところが、その日は、たまたま七草粥の日であった。

話によると、今日では、春の七草をスーパーや八百屋で売っているとのこと、試みに立寄ってみると、確かに「七草粥セット」と称して売っていた。

早速、セリ、ナズナ、ゴギョウ、ハコベラ、ホトケノザ、スズナ、スズシロの有無を調べた。なんと、ハコベラがなく「赤カブ」、シュンギクの入った半端なものが定価五〇〇円、まあまあそろったものが四五〇円であった。驚いたことに、朝のうちは定価が四五〇円であったものが、午後三時を回ると二九八円になったのには仰天、なんと人を食った話。

驚きついでに、人ならぬ糞を食った虫で、七草粥を作ることを思いついた。

持ち帰った、カシノシマメイガの幼虫がひしめく鶏糞を、篩《ふるい》でふるって、ごっそりと用意した。

調理は、米はササニシキ、これを北海道産（利尻島）の昆布でダシをとった水に入れ、土なべでゆるく炊き上げる。

途中、適当な時期に、サーッと熱湯を通した、カシノシマメイガの幼虫をひと握り入れ、用意した七草を入れて仕上げた。

出来あがりは、とても「糞を食った虫」が炊き合わせてあるとは見えない見事なもの。

お毒見をしたが、風味もよく美味でした。

二杯目をと思っている時、折悪く?・小生の酒友がやって来て、「七草粥」とは縁起がよいなどといいつつ、全部食べられてしまった。

食べ終わって、彼のいうには、「たいへん見事」でした。今年も、元気で過ごせるだろうと、大層満足しているので、実は糞食い虫を入れたとはいえなかった。

ハコベについては、母がハコベのお粥を食べると、母乳がよく出るといって、食べていたのを思い出す。

なお、七草はいずれも薬効があり、スズナは、これを常用すると「五臓」が強くなるといわれている。人ならぬ糞を食った虫入りの「七草(種)粥」を食べた、わが酒友は、心臓がとりわけ丈夫になることだろう。

この「虫粥」に自信を得たので、来年は薬効のある、「七虫粥」を作ろうと楽しみにしている。
(H)

虻虫（アブ）——漢薬房の引出しから

アブといえば、蚊や蚋《ぶゆ》などいわゆる吸血性昆虫の代表ともいえる昆虫である。とくに、放牧場で牛や馬にたかり吸血するアブは、人はもちろん、家畜からも嫌われている。

このようなアブ、正確にはアブ科 Tabanidae の昆虫が、漢薬の材料となることを知ったのは、台湾の衛生害虫の調査の途中で立寄った恒春のある薬店であった。すでにこのシリーズを書きはじめていたので、なんとなく気になっていた。ただし、この薬店を訪ねた目的は、体液中にカンタリジンという毒物質を含み、接触すると水疱《すいほう》性の皮膚炎の原因となる甲虫の一種、ゲンセイ（芫菁 *Mylabris cichorii*）やマメハンミョウ（豆芫菁 *Epicauta hiricornis*）について、どのように貯蔵されるのか、また、薬用としてどのように用いられているか知りたかったからである。あいにく、ゲンセイはこの店にはなかった。台北の陽明山や、阿里山の近くでは、頭の赤いマメハンミョウがマメ科植物に鈴生りのようにたかっていた。

マメハンミョウがなくて残念がっていたところ、これはどうかと古ぼけた引出しから、大事そうに出してきたのがアブ、ゴキブリ（ツチゴキブリ）、カイコの幼虫（白殭蚕）、ムカデ（蜈蚣）、セミの抜け殻（蟬退）、タツノオトシゴ、トッケイ（オオヤモリ）などであった。このうちの二、三のものは、すでに紹介したが、とにかく、中国では何でも薬用にするものだと驚いた次第である。

虫ではないが、トッケイは、インドネシアのジャワ島のチレボンという町の近くで、ホテルの壁にいたのを数匹捕らえたことがある。ジャワでは、日本でスッポンがかみつくと、雷が鳴るまで離さないと言うごとく、トッケイがそのように言われている。実際に、私もかまれた経験がある。たかが大きなヤモリと、素手でつかんだところ、左手の親指をぱっくりとやられ、どんなにしても離さない。やっと顎《あご》をくだいて離したのであった。

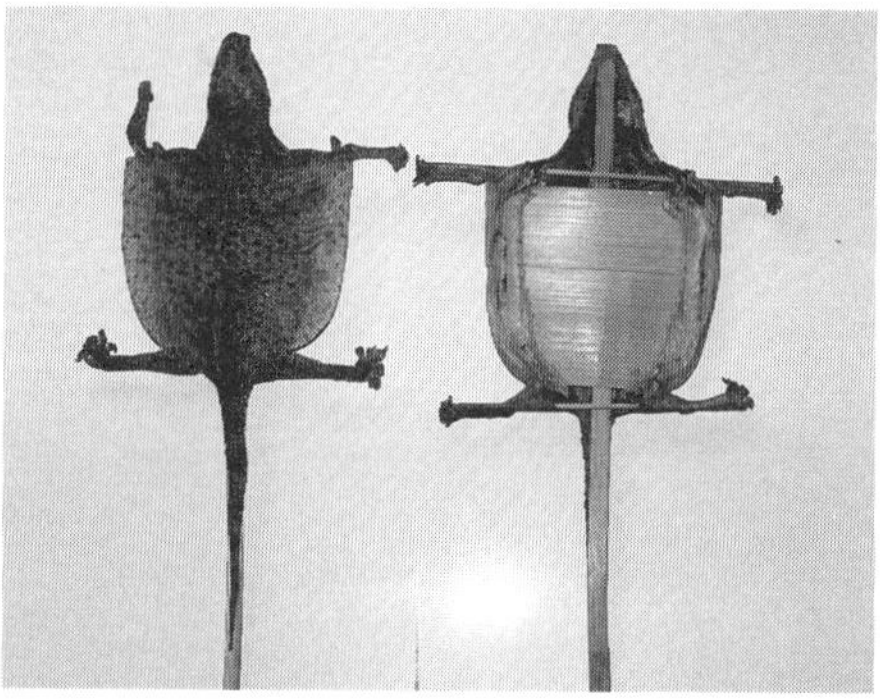

上：豆芫菁(マメハンミョウ)
下：漢薬店で入手したトッケイ

この薬店で入手したアブ（虻虫）は、中型で黄色の *Atylotus* 属のものと、中型と大型の *Tabanus* 属のもの数種であった。翅《はね》や脚が不完全で、これで種まで同定するのは不可能である。アブは、種によって分布も異なるので、薬用として用いる種は、非常に多いと思う。

日本には、約一〇〇種のアブがいる。このうちに、イヨシロオビアブ *Tabanus iyoensis* というアブがいる。一般にアブは、吸血しなければ卵巣が発育せず、産卵しないのに、このアブは、最初の産卵時には、吸血しなくても卵巣が発育して産卵（無吸血産卵という）する。このような性質から、一部の地域で大発生し、夏の間は山での仕事もできず、廃村になったところもあるくらいだ。大発生の頃に現地を訪れると、雲のように集まってくるイヨシロオビアブの大群のために、車の窓も開けられない。十数年前の話だが、八月に福井の永平寺を訪れた際、静かな参道を歩いていると、なんとなく体のまわりが「もやもや」としはじめた。そのうちズボンにとまったのを見るとなんとイヨシロオビアブであった。その頃には、もう体のまわりを無数のアブが飛んでいた。急いで捕虫網を取り出し、体のまわりを数回、ぐるぐると振りまわすと、あっという間にずっしりと重くなるぐらい採れた。

和名イヨシロオビアブは、愛媛県の旧名伊予からきている。シロオビは白帯をもっているの意で、伊予での最も有名な大発生地は、石槌《いしづち》山麓の面河渓《おもごけい》である。ここでも、夏の大発生期には、キャンプ中の子供たちが襲われて、あわてて水に飛び込む姿がよく見られたものだ。最近はどうであろうか。

漢薬では、アブ成虫のことを「虻虫」というのだそうだ。効能のほどはよくわからないが、十分に吸血して満腹したものを乾燥したものがよいとのこと。梅村甚太郎（一九四三）の『昆虫本草』（薬用食用昆虫解説）によると、腫物《はれもの》の吸い出し、結膜炎の他、通経固腸とあった。この道の専門家に聞けば、まだまだ効能があるかもしれない。用法は、採ったものを陰干しにして、頭と脚を除いて炒るか、生のままで用いる。

食用ではないが、昨夏採集して冷凍してあったヤマトアブ *Tabanus rufidens* とウシアブ *T. trigonus* の他、シオヤアブ（ムシヒキアブ科）、コウカアブ（ミズアブ科）などの頭、脚、翅《はね》を取って炒ってみた。試しに、醤油《しょうゆ》をつけてかじってみたがまったく味気なく、やはり粉末にして何かと混ぜて用いるものらしい。

前述のイヨシロオビアブは、発生時期にはドライアイス・トラップで一日に数万匹も採集できるとか、虻虫がほんとうに薬効があるならば、なんとか使い道がないものだろうか。試みに漢薬の材料として、中国に輸出してはいかがだろう。

（S）

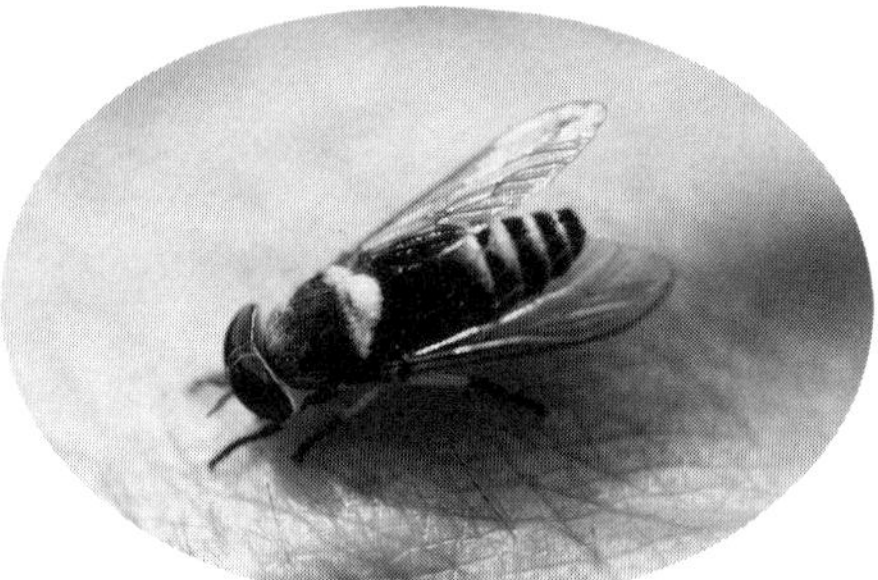
吸血中のイヨシロオビアブ

混入異物の虫たち

人からよく、「虫を食べるのが好きなのですか?」と質問されて、返答に窮することがある。しかし、よく考えてみると、人類が地球上に現われてから、道具なしで動物性の食糧として最も簡単に入手できたのは虫であった。

最近では、私には、その虫食の習慣が人より多く残っているのでしょうと答えることにしている。

それにしても、手当たり次第に食べるわけではない。私も、目的意識を持たずに虫に遭遇したような場合は喉を通らないのである。

つい最近、友人と一杯やっての帰り、ラーメン屋に寄り、うまいと言って半分ほど食べた頃、ゴキブリの破片に気づき、よく見ると三匹も入っていた。

思わず、店員をよんで、これは何だ‼　と言ってしまった。

後で、連れの友人に笑われてしまった。私で、この状態なのだから、一般の人たちが食物の中に虫がいれば、驚いたり心配したりするのは自然だと思った次第である。

最近、混入異物の相談が多いが、これらの虫で、あまり食欲のわかないものがある。

その前に、混入異物について若干の説明をしておくことにする。

「異物」とは、生産、貯蔵、流通の過程での不都合な環境や取り扱い方に伴って、製品中に侵入または迷入したあらゆる有形外来物をいうとされている。これには、動物性異物、植物性異物および鉱物性異物がある。食欲と関係があるのは、動物性異物で、この多くは、衛生管理が不十分な場合に起こる。したがって、食品工場や食品店舗などでは、混入異物は大きな問題である。

これらの施設で、問題になる種類は、全体の七五％が飛翔《ひしょう》性の昆虫で、残りが匍匐《ほふく》性の昆虫である。

前者はハエ類で、後者はゴキブリ類と食糧害虫である。最近の事例で説明しよう。

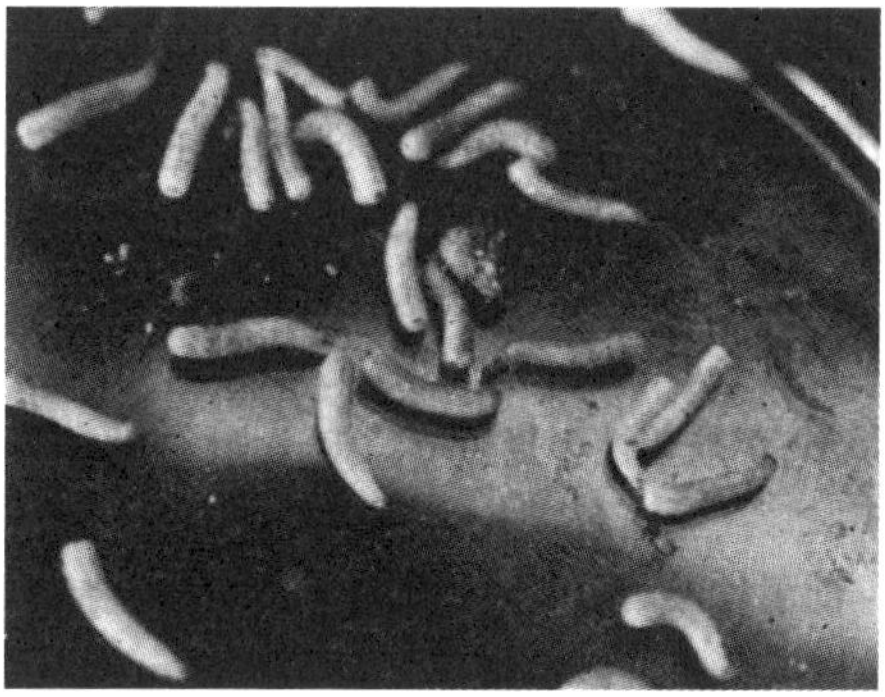

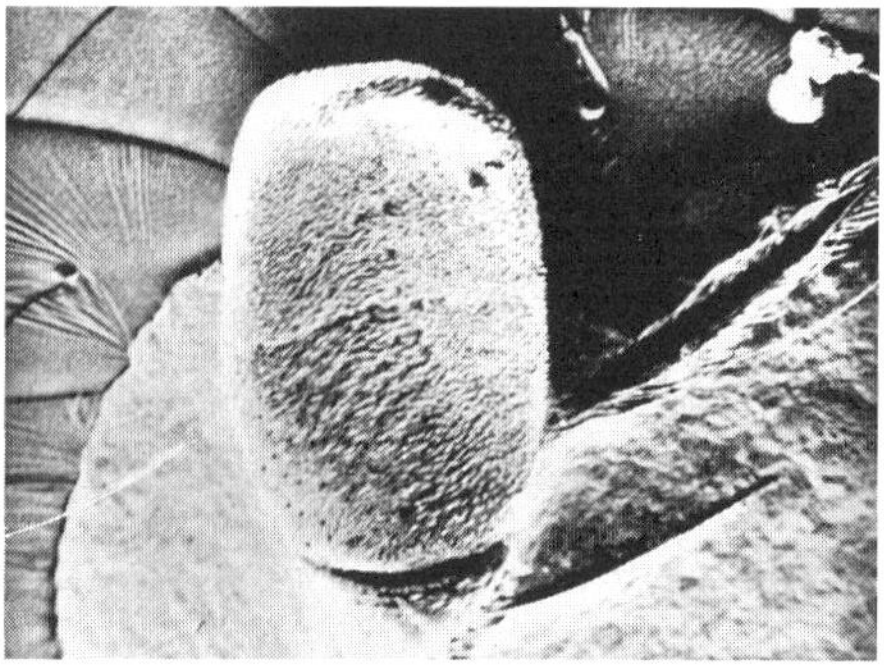

上：ヒロズキンバエより美味のイエバエ幼虫
下：においを感じるハエのアンテナ

ヒロズキンバエの成虫は、金属性の光沢を持つ小型のハエで広く分布し、家の中によく飛び込んでくる。以前には、ポリオウイルスの運搬者とされていた、重要な衛生害虫であり、日本中どこにでもいる。

幼虫は、動物の死体などに発生し、釣り餌としても用いられている。最近、この幼虫が食物(弁当、ジャム、肉など)の中から発見され、相談に来るケースが多い。

キンバエ(オビキンバエ)の幼虫は、『本草綱目』に「五穀虫」として記載された薬用昆虫である。

これは、小児の疳《かん》薬として用いられているが、発生源である汚物を考えると決して食欲はわかない。しかし、以前に紹介したが、イエバエの幼虫はたいへん美味で、動物性蛋白《たんぱく》源としての利用価値が高い。

ハエ類が、自分の好みの食物を発見する仕組みであるが、最初はにおいに反応して飛来するようだ。においを感ずる器官は、アンテナにあって、化学的な刺激を感知する。

オオチョウバエは、浄化槽、地下貯水槽、下水溝などから発生する都市型の害虫であり、流し場や排水溝を清潔にしないと多発生する。なお、ハエとよばれているが、分類学上は蚊の仲間である。

幼虫が婦人の尿中から発見された例や、眼や口から発見された例もある。最近、寒天（あんみつ）の中から発見された例があるが、製造所内の流し場で入った可能性が高い。

これなども、食欲のわかない対象である。

貯穀害虫は、貯蔵されている穀類などから発生する昆虫である。

ちょっと変わった例だが、便秘によいと称する民間薬の中から、ノシメマダラメイガが大量に発生した。

この虫は、熱帯地方に多いが、わが国には外米の輸入に伴って侵入した。

穀類の他、乾果、製菓などにも発生する。衛生上の害は明らかではないが、同じ仲間であるイガ、コメノシマメイガ、ツヅリガなどの幼虫が、ネズミに寄生する条虫でヒトにも感染する縮小条虫の中間宿主となることがあるなどからして、あまり食欲はわかない。

ヒメカツオブシムシの多発生した干物を持ち込まれたこともあるが、この仲間のハラジロカツオブシムシも小形条虫などの中間宿主となる由。したがって、これも食欲がわかない。

コクヌストモドキも縮小条虫や小形条虫の中間宿主で、貯穀害虫の中には、生では食べない方がよい昆虫が多い。これは、虫そのものよりも、倉庫内のネズミとも大きな関係があるようだ。

虫を食べるのも、そう簡単ではない。

今回は、食欲のすすまない虫、あまり推せんできない虫の紹介にとどめた。

（H）

清流のザザムシ

春である。近くの丘陵のコブシの花が散り、公園の桜も染井吉野に代わり八重桜が咲いている。今年（一九八七）は、二月中旬に突然五月の陽気の日があり、モンシロチョウが飛び出したり、その後に大雪が降ったりして、昆虫や植物もとまどったことだろう。

久しぶりに東京の郊外の山に出かけてみた。中央線高尾駅から裏高尾に出て、小仏峠《こぼとけ》への道を行き、鉄道のガードをくぐったところを右に曲がると木下沢《こげさわ》林道である。この林道の先には、浩宮様誕生記念の植林があり、渓流沿いに数キロ、尾根近くまでゆるやかな道が通っている。

昆虫採集用のネットも持って行ったのだが、やや時期が早いらしく、春にのみ発生する蝶、コツバメとミヤマセセリがときどき出てくるくらいであった。

やっと芽が出はじめた木々を眺めながら林道を峠近くまで登り、帰途は渓流の水生昆虫を採集した。幼虫や成虫で、水中で生活している昆虫を水生昆虫という。カゲロウ、カワゲラ、トンボ、ヘビトンボ、トビケラ、ガガンボ、ブユ、カなど、数えたらきりがない。昆虫のどのグループにも水生の生活者が含まれている。この中には、幼虫が秋から冬にかけて大きく育ち、春になるといっせいに飛び出してくるカゲロウやサナエトンボなどがいて春の山歩きを楽しませてくれる。

信州、天竜川のザザムシの話は、第二回目に書いた。ここのザザムシは、少し汚染した河川の礫《れき》の間に巣をつくり、流れてくる有機物を食べるヒゲナガカワトビケラやウルマーシマトビケラなどが主で、清流のカワゲラやトビケラはあまり含まれていない。川幅も広く、採集方法もシャベルや万能鍬《ばんのうぐわ》を用いて石をおこし、大型の網で受けるダイナミックな方法である。源流近くの小さな流れで採集するには、こんな大がかりな道具は不要だ。台所のザルひとつあれば十分。水の流れをよく見て、下流にザルをセットし、上流の石を手でかき混ぜたり、ひっくり

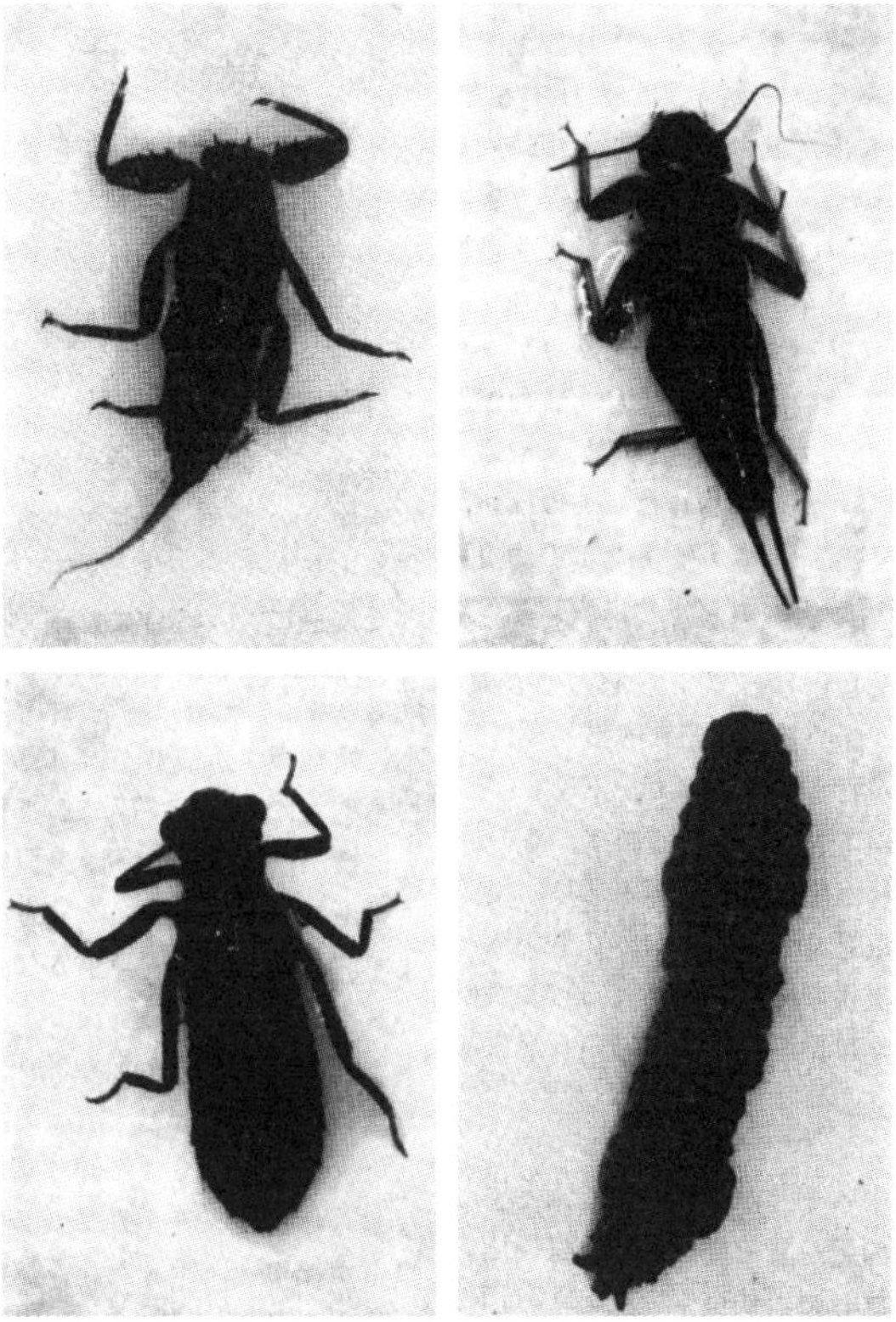

上左：マダラカゲロウ
上右：オオクラカケカワゲラ幼虫
下左：ムカシトンボ幼虫
下右：ガガンボの一種

返したりすると、石の下や表面にいた虫が流されてザルの中に入る。この方法で採集したのが写真の虫たちである。上流の小さな流れでは、カゲロウとカワゲラの仲間が主役であり、カゲロウでは、ヒラタカゲロウ、マダラカゲロウ、フタバカゲロウ、チラカゲロウなど、清流の流れの速いところに生息する種がたくさん採れる。カワゲラでは、カワゲラやオオクラカケカワゲラなどが採れた。この他、生きた化石といわれているムカシトンボの幼虫も入ってくる。清流性のガガンボ幼虫やブユの幼虫もいる。ときには、ヘビトンボ（マゴタロウムシ）やサワガニも出てくるのである。

水生昆虫は、河川の汚染の程度を見る指標となる。詳しいことは、専門書に任せるとして、得られた昆虫の種を見れば、汚染の度合がわかる。清流性のカゲロウやカワゲラがいれば、水も安心して飲めるのである。

信州のザザムシは、煮て味付けをした缶詰である。しかも中身は、少し汚染した河川の虫だ。今回のザザムシは、清流でまったく汚染されていない川の虫である。流速の速い流れに生息しているので、体は平らで、強い脚を持っているものもいる。

さて、食味の方だが、佃煮《つくだに》にすると本来の味がわからない。エビのように天ぷらにと考えたのだが、これでは写真にならないので、いつものとおりバター焼きにした。塩と胡椒をふって、多目のバターで炒めると出来あがり、サワガニも同じようにした。味は、いつもの昆虫の外皮の味だが、大型のカワゲラとマゴタロムシが美味しく、小型のカゲロウは、外皮が軟らかく、持って帰るまでに水中の落葉のにおいがしみ込んでしまい駄目だった。そのうえ、急流の石下で生息するため、体がスマートで食用になりそうにもない。食用となるのは、筋肉の多い、マゴタロウムシのような昆虫がよいようである。これらは、酒のつまみとしては上等だが、餌となる有機物が少ない上流では、大量に採集できないのが難点である。たくさん採れればかき揚げにしてもいけそうだった。

梅村甚太郎の『昆虫本草』によると「福島や長野では、フタバカゲロウを他の水生昆虫とともに炙《あぶ》って食膳に供するとか、脂肪に富んでいて、大いに地方人の嗜好に適する」とある。またこれらの水生昆虫を肥料や魚の餌としたとか。そんなに集められるとは驚きである。この他、カワゲラとオオクラカケカワゲラは、信州ではガアムシと称し、煮て食べる。関東地方では、小児一般の病気に効能ありとして、小児に与えると記している。

世界的にみても、水生昆虫のカゲロウ、カワゲラ、トビケラなどを食用としているところはほとんどない。食用の水生昆虫としては、タイのタガメ、ガムシなどは有名である。世界の食用昆虫の話を書いたボーデンハイマー（一九五一）の『Insects as human food』という五〇〇頁にもおよぶ本でも、トビケラなどの話は、日本での食習慣について少し紹介しているのみである。虫を食べるのは、主として熱帯の地方で、そこには、トビケラやカワゲラの生息する清流が少ないせいであろうか、もしチャンスがあれば、調べてみたいものである。

（S）

桜の虫えい団子

桜の花も散り、研究所の庭の桜が一段と緑を増した頃、葉の上に黄白色の小指大の物体を発見した。

遠くから眺めると、虫食家の私の眼には、何かの幼虫に見えた。よい材料！　と早速、採集してみると幼虫にはあらず、どうも「虫こぶ（gall）」のようだった。

ただちに料理するには、若干の不安もあったので、自分なりに調べたところ、どうもアブラムシ（蚜虫）の虫《ちゅう》えいに思えた。

一度は、調理したが、桜の葉そのものは、桜餅に使用するので問題はないとして、ゴールには少々抵抗を感じていた。

この話を、次回の食味の材料の相談のついでに、篠永博士にしたところ、間違いなく桜のアブラムシであることを教えてくれた。このことについては、山口大学の浜崎詔三郎氏の「桜とアブラムシ」という論文のあることまで教えられた。

なるほど、調べてみると立派な論文があった。私の胃の腑に納まらんとしていたのはまさしくサクラフシアブラムシ *Tuberoce sasakii* のトサカ型虫えいであることがわかったのであった。

この虫えいには、数種の型があって、大きく分けると巻型虫えいと袋状虫えいに分けられるという。今回の材料は、後者に属してトサカ型に入るもので、サトザクラやヤマザクラに多いとのことである。

この、鶏のトサカ状の虫えいの中に、サクラフシアブラムシの幹母（今年の春に孵化《ふか》した個体）が、一〇〇個前後の仔虫を産みつけている。

さて、ここまで解ければ、まったく心配なし。

早速、さーっとゆでて、「お浸し」にと思ったが、いくらゆでてもホウレンソウのように軟らかくならない。

仕方がないので、小さく刻んでカツオ節をかけ、味ぽんで昼食のおかずにしたが、特記すべき味はなかった。ただ、桜の葉の味覚だけが口中に残った。

これではおもしろくないので、桜餅ならぬ「桜団子」にして食べてみたが、桜餅と同じであった。一人で味わってもおもしろくないので、いつもの「イタズラ心」が頭をもちあげた。小生のいきつけの、居酒屋の女将に、お土産にいただいた九州地方の名物「子持ち団子」と称して提供した。若干、不信な表情はしたが、それでも、変わった団子ですねといって食べていただけた。ただし、翌日になって、私の特選珍味であることを自白したところ、三日ばかり口をきいてもらえなかった。

よく調べてみると、虫えいは薬用として古くより用いられていた。有名なのは、カシノキのタマバチの虫えいで、タンニンが多量に含まれていて効果のある由。

ミミブシアブラムシ（ヌルデノミミブシ）の虫えいも天日乾燥したものを白附子《しろぶし》と称して、七〇℃で四時間乾燥して粉末にして用いる。

この粉末は、収斂薬《しゅうれんやく》として用いられ、出血を止め、歯痛止め、また寝汗止めなどの効用が知られている。また、渇きをもいやすともいわれている。いずれにしても、薬用としての効用は広い。居酒屋の女将が口をきいてくれなかったのは、この収斂作用だったのかもしれない。

なお、同類に五倍子《ごばいし》があり、薬用として用いられるとともに、粉末は婦人の染歯の材料として用いられていた。こんなことで、自然界には、役に立たないものがないことに感心した。

桜団子の副作用、一度は怒った女将も、小生の凄じい「ネタ探し根性」にあきれかえってか、「こぶ取り爺さん」とあだ名をつけて、無罪にしてくれたのでした。

（H）

シロアリはアフリカで

このシリーズがはじまって以来、機会があれば一度試食してみようと思っていたものにシロアリがある。シロアリは、木材を食害することから、家屋の害虫として、また消化管内にトリコニンファ *Trychonympha* など原生動物、鞭毛虫類《べんもうちゅう》に属する虫が寄生し、シロアリが分解できないセルロースを分解して消化を助けることでもよく知られている。

この他、社会性昆虫として、その社会にはカーストがあり、階級は高度に分化していて、同じ社会性昆虫のアリやハチなどと違い、女王、王、副女王、職蟻、兵蟻などに分かれていることでも有名である。

日本には約二〇種のシロアリが生息している。このうちには、ヤマトシロアリ、イエシロアリなど家屋の害虫として問題となるものも何種か含まれている。

アフリカ、オーストラリア、南アメリカなどには、アリの塔（termite hill）とよばれる大きな巣をつくるシロアリがいる。種数も多く、それぞれが特徴のある塔をつくる。この塔は、とても硬くて、少々足で蹴っとばしたくらいでは壊れないのである。

私が以前一年間滞在していたナイジェリアのイフェ大学のキャンパスはとても広大で、周囲約四〇キロ、中には標高一五〇〇メートルくらいの丘が三つもあった。その地域は、遠くからみると大木が鬱蒼《うっそう》と茂っている熱帯雨林（ジャングル）のようだが、中に入ると大木の下はコーヒーやカカオのプランテーションであった。

丘の周辺には、たくさんの現地人の部落があった。その森の中にもシロアリの巣があちこちに見られる。

確か雨季のはじまった頃だったと思う。ある夜、近くの友人の家へ出かけようと、車のヘッド・ライトをつけて驚いた。そこら辺り、大雪の降るごとく白いものが飛んでいるのだ。それ

シロアリの塔(ナイジェリア)

らが、ヘッド・ライトに向かっていっせいに集まってくるので、前方が見えなくなるくらいであった。体長約一センチ、翅《はね》の先端まで約三センチの大型のシロアリの羽アリである。結婚飛行のために、いっせいに巣を飛び出したものである。われわれの住宅が森の近くだったので、灯火に向かって集まって来たのであろう。文献で調べると、アフリカのシロアリのコロニーには、一つの巣に重さにして何キロという有翅虫《ゆうしちゅう》がいるそうである。

ナイジェリア人の学生に聞いたのだが、ナイジェリアの一部では、この羽アリを食べる習慣があるそうだ。どのようにして食べるのか、調理法は聞かなかったが、一説には、そのまま生で食べるとか。顎《あご》の大きな兵蟻などは、生食すると口中でかみつくかもしれない。

その夜は、少しでも明かりがあれば、それに向かって無数のシロアリがやってくるので、家中の電灯を消して静かに寝てしまった。それでも、翌朝どこから侵入したのか、床には翅を落としたシロアリがたくさん見つかったのである。

シロアリは、ナイジェリアのみでなくアフリカ各地でも食べられている。生のままでも食べるが、ゆでたり、焼石で蒸し焼きにしたりする。部族によっては、シロアリから油を抽出して料理に用いるところもあるらしい。食べる部分にしても、腹部のみを食べる部族、体全部を食

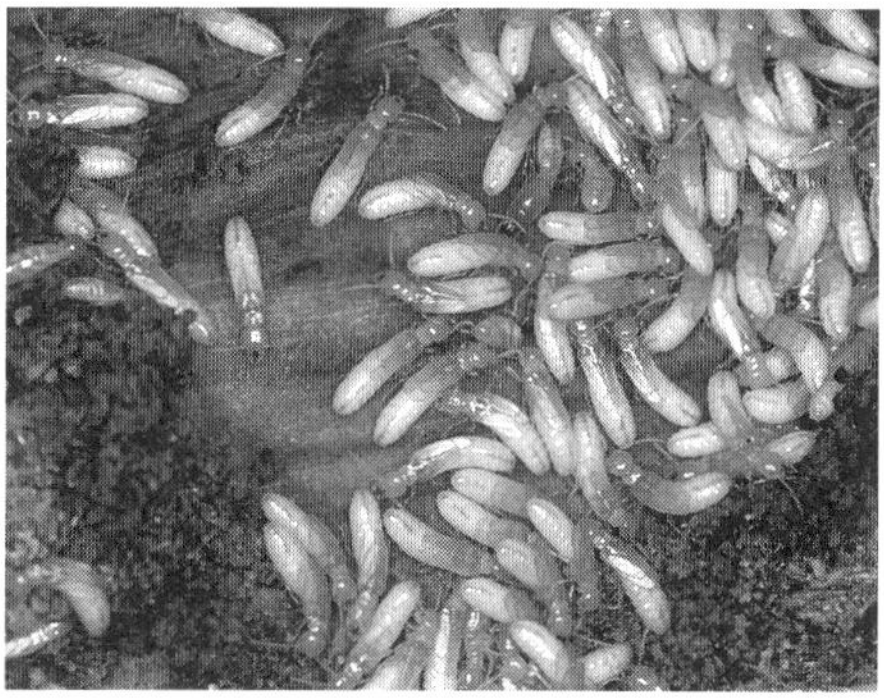

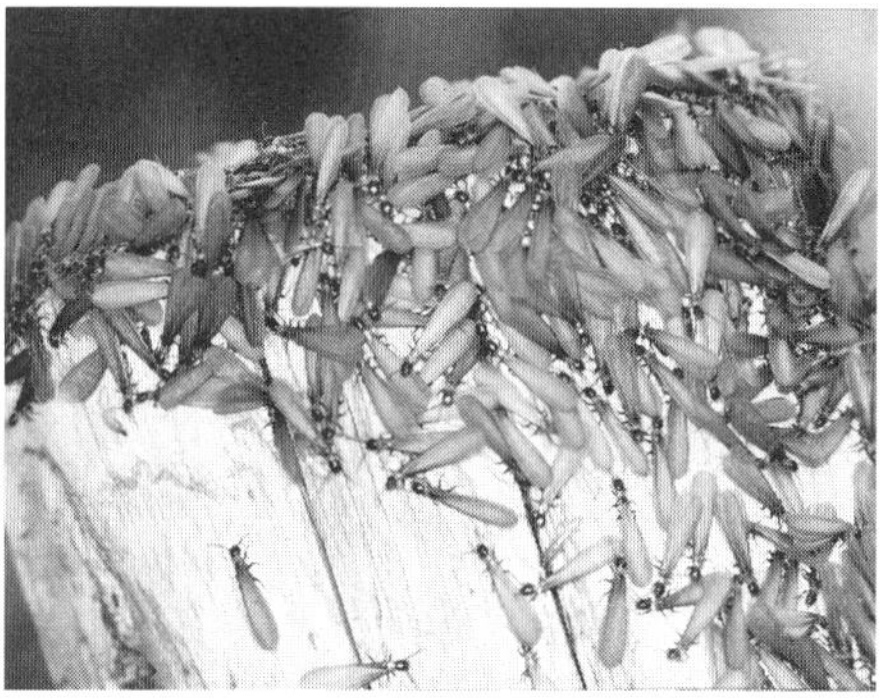

上：土中の職蟻と兵蟻(ヤマトシロアリ)
下：杭の先から飛び出すヤマトシロアリの羽アリ

べる部族などがある。

今年(一九八七)五月一〇日、正午頃であった。近くの公園(多摩市)で走っていると、並木のつっかい棒の杭の先端から、何か「かげろう」のようなものが、もやもやと立っていた。近づいてみると、なんとこれがヤマトシロアリの有翅虫だった。結婚飛翔に飛び立っていることで、よく見ると、どの杭からもどんどん飛び出している。早速、家からビニール袋を持ってきて棒の先にかぶせて集めた。ところが、背腹に扁平で、小さな虫なので、なかなか思うように集まらない。それでも、小型のビニール袋一杯集まった。あんなにたくさんいたのに、集めるのはとてもたいへんであった。

アフリカの原住民たちもシロアリを集めるためにいろいろと工夫している。アリの塔に大きな木の葉をかぶせて脱出を防いだり、木を細かく切って、ほうきのようにしたものを、アリの塔にかぶせて、出てきた有翅虫が登って来るのを待ち、彼らが飛び立つ前に、パタパタとはたいて集める方法などがあるようだ。シロアリは、彼らにとっては重要な蛋白《たんぱく》源なのである。

シロアリをねらうのはヒトのみではない。鳥、トカゲ、カエルはもちろん、アリをはじめ多くの捕食性の昆虫類もシロアリを食べる。日本でも、シロアリの巣のそばには、たくさんの「アリ」が集まっている。シロアリの巣を壊すと、くわえてどんどん運んで行くのが見られる。個体数の多いシロアリは、その地域に生息する動物たちにとっても、重要な食物といえる。

さて食味であるが、集めたものを水で洗ってそのままで少し食べてみた。ハチの子と違った感じだが、古い材木の臭いがしてとても食用になりそうもない。カブトムシの幼虫と同じである。それに、たくさん集めたつもりでも体が小さくて量的にも無理であった。結局、天ぷらのようにしてみたが、どこにいったのかわからず、味もわからなかった。日本のシロアリは、少々集めたくらいでは食用にならないことがわかった。やはり、「シロアリはアフリカにかぎる」。

（S）

食えなかったカメムシ

友人のひとりに、無農薬栽培の大好きなのがいて、研究所の構内の一角に菜園を開いている。こまめな性格なのだろう、四季折々に楽しめるだけの収穫をあげていた。しかし、今夏は手を省いたのか、大切に育てていた大根が虫にやられ、丸坊主になってしまった。

早速、小生のところへ飛んで来た。種類を明らかにして防除法を教えてほしいとのこと。調べてみると、なんのことはない、野菜の害虫で、ナガメ *Eurydema rugosa* であった。

そこで、無農薬主義者にふさわしい、手でつまみ採る方法「赤手捕殺」をすすめた。他に、大正あるいは昭和の初期までは、水田のカメムシ退治に、アヒルを放し飼いした事例も申しそえたが、彼は前者を選んだ。しかし、こんな、生ぬるい手段では、追いつかず、ついに大根の葉はなくなった。

捕らえたカメムシは、捨てるのも惜しいので、小生が貰い受けて食べることにした。

参考までに、ナガメ（菜椿象）は半翅目《はんしもく》（Hemiptera）のカメムシ（椿象）科に属するもので、英名を shield bug という由。アブラナ科植物の大害虫で、北海道、本州、四国、九州に広く分布している。なお、野菜の他にナズナ、タネツケバナなどの雑草も食害する。

調理に際し、カメムシ類は一般に悪臭が強いので、最初から生食は考えていなかった。まず、熱湯で殺し天日で乾燥したものを、飲用もしくは「ふりかけ」にと考えた。

一週間ばかり乾燥し、乳鉢で磨砕にかかったが、たいへんな悪臭である。とても、作業の継続はもちろん、口に入れるなどできるにおいではなかった。この悪臭は、しばらく鼻の中に残った。なお、このにおいは、同種類の他の個体に危険を知らせる物質、警報フェロモン（alarm pheromon）だといわれている。

カメムシ科の放出する物質には、ヘキサナール、トランス-2-デセナール、トランス-2-オクテナールなどが知られている。私は、子供の頃、農村に育ち、カメムシの悪臭にたいへん悩まされた。

この悪臭をかいで、まさか、こんなものを食用や薬用にしていないだろうと思ったが、なんと、『Insects as human food』や『原色和漢薬用図録』に記載がある。

これらの効果は、種類によって異なるが、カメムシは歯痛、リウマチの他、腎臓、肝臓および胃病などの慢性疾患に効くといわれ、生きたままを食べるとのことである。さらに、陰萎にも著効があるとのことなので、数人の悪友にすすめたが、誰も希望する者はいなかった。

部屋中が、カメムシ臭くなり、同室の者から苦情が出た。


漢方に、ツマキクロカメムシを「九香虫」と称して、薬用として用いたという。「溺れる者、ワラをもつかむ」のたとえもあるように、この悪臭も病人には「九香」、霊薬となるか。

著者も、まだ見たことはないが、カメムシの成虫体に菌が生えて死んだ生体乾燥品を、「椿《チン》象蕈《チウタン》」といい、不老長寿の霊薬とか。


こうしてみると、カメムシは用途から見ると意外にも高級品であることに驚いた。

カメムシは薬効もあるが、害も少なくない。身近なところでは、悪臭による害が大きく、屋内に飛来して食物の中に落ち、これが悪臭で食べられなくなった例は多い。小豆《あずき》に入っていたカメムシのために、「おはぎ」が食べられなくなった記憶もある。

また、越冬のために、北に面した屋内に侵入し、これが夜具の中にビッシリとつまり、悪臭で使用できなくなった話。東北や北陸地方の温泉地で、クサギカメムシやスコットカメムシなどが多発生し、旅館業者に悲鳴をあげさせるなど、においによる悪行は多い。

これらに、「椿象蕈」を作る菌を散布して、「椿象丸」を製造すれば、有益昆虫になるのではないかとも思う。

「ナガメ」を試食できなかったのは、幼年時に味噌汁や漬け物の中に迷入したものを食べたことを思い出し、拒絶反応を示したものだろう。

材料を提供した友人に、あまり無農薬主義に凝ると、「カメムシごはん」を食べることになるよと、威《おど》したところ、よほど悪臭にこりたのか、菜園に殺虫剤を散布しはじめた。

（H）

侵入害虫アメリカシロヒトリ

やっと晴れ間の続く日、研究所の構内を散歩していると、おびただしい量の幼虫の糞に行きあたった。

何気なく見上げると、桜の枝が丸坊主、それに黒色の終齢幼虫が大移動中。そのときは、アメリカシロヒトリとは知らずに採集だけはしておいた。また、体色と糞を見て試食する気にはなれなかった。

二、三日後に、仲間の篠永博士と雑弁をふるっているうち、この話をしたところ、それはアメリカシロヒトリだとのこと。

自分は、体色が黒いので他の種類と思っていたが、恥しながら勉強不足であった。アメリカシロヒトリの幼虫は、長日では明色だが、短日下では暗色となることを知らなかった次第。お粗末な殺虫剤学者である。

このアメリカシロヒトリは学名を *Hyphantria cunea*、英名を fall webworm（秋の網張り毛虫）という。日本古来のものではなく外来種である。日本への侵入については、第二次世界大戦後にアメリカ軍とともに侵入したといわれている。

原産地は北アメリカだが、東京に蔓延をみたのは、一九四七年八月とのこと。これより前、一九四五年一一月に、東京都大森の森ケ崎街道のポプラ並木で発見されている。

この幼虫は、六五〇種以上の樹木や草を食べるので、たいへんな害虫である。

五－六月頃、街路樹のポプラや桜などに若齢虫が集団をなして巣食っているのを見かける。この集団の理由は、生存のための由。説によると、若齢虫が一匹では、食糧とする葉をかみ切ることができないが、多数でやれば、そのうちに傷がつき、これを突破口として、全員が餌にありつける、ということのようだ。

また、この幼虫は糸を吐き移動するが、これは、この仲間だけに通用する「シルクロード」

のようである。

先に採集しておいた終齢幼虫は、全部が蛹《さなぎ》になっていた。黒光りのする、幼虫からは思いもつかぬきれいな蛹で、すっかり食欲がわいてきた。なんといっても、『昆虫本草』にも記載がなく、また、『原色和漢薬図鑑』にも載っていない、誰もが試食していない虫だと思うと、うれしくてたまらない。

早速、「から揚げ」にしていただくことにした。私のいきつけの「赤提灯」の女将に頼んで料理をしてもらった。沸えたぎる油に投入すると、パリパリと乾いた音がし、プーンと香ばしいにおいがして来た。

からりと揚がった蛹を四、五匹ずつ小皿に盛ると、なんともみごとな酒のつまみ。照り工合、色調、香気、いずれも満足すべきものだが、なんといっても、「初物」のこと、恐る恐る口の中に入れる、味はまさに絶品であった。

たちまち、一〇匹も食べて中休みをしていると、岐阜育ちの酒友が入って来て、これは珍品と、残りを全部たいらげてしまった。食べてしまった後で、彼は、この「ハチの子」非常にうまかった、どこで手に入れたのかと、まだ欲しそうな顔をする。いやー、これは、アメリカシ

上：アメリカシロヒトリの天幕
下：アメリカシロヒトリの蛹の「から揚げ」完成品

ロヒトリという害虫の蛹だとは言い出せなかった。

それにしても、虫の味とは、そんなに変わらないもので、「イナゴの佃煮《つくだに》」が食べられればなんでもいけるものと悟った。

蛹の「から揚げ」の料理上のコツは、針でひと突きして穴をあけること。これをしないと、殻がはぜて外観が悪くなる。これは、料理をした女将の意見で、確かにそうであった。

この蛹の「から揚げ」が美味であったのは、これで休眠し越冬するので、栄養価に富んでいたからかもしれない。

誰もが食べたことのない（自分だけが、そう思っているだけかもしれないが……）珍品を試みることができて満足している。後日、例の酒友は、御礼だといって、さつまいもを大量にとどけてくれた。

今年は、もう間にあわぬので、来年は大量に採集して、「珍味シロヒトリ揚げ」にして居酒屋へ出荷しようと思う次第。

アメリカシロヒトリの蛹の「から揚げ」の薬効？　気持ちのせいか、英会話が若干、うまくなったような気がします。
（H）

阿蘇の熊ンバチ

九月中旬、イエバエの殺虫剤抵抗性の調査研究で、熊本へ出張した。

快晴に恵まれ、阿蘇《あそ》山を眺めつつ、調査の目的を達した。成果を祝して、まずは一杯ということに相成り、地元のS氏の案内で、熊本の味を探訪することにした。熊本といえば、「馬刺し」というが、昨今の馬はどこから来たか疑わしいかぎりで、それほど、高く評価はしない。

それならば、というのでS氏は、薄汚い赤提灯へ案内してくれた。

小柄な親爺の作って出す田舎料理、なかなかのもので、酔うほどに食味を論じ、時のたつのを忘れていた。そのうち、酔眼にとまったのが、「ハチの子のバター炒め」なるメニュー、早速、親爺にどんな代物かを質問。

親爺いわく、「これですかー、クマンバチです。私の自慢料理です！　ひとつ見てください」と、自信たっぷりに出したのが、丼に山盛りの、体長三－四センチもあるハチの子。

その量と大きさに驚いていると、さあーどうぞという。昆虫学者を自認する小生、これはスズメバチだというと、親爺は、イィや!!　これはクマンバチだといって自説を曲げない。

とにかく、生食をすすめるので、言われるままに、酢醤油《すじょうゆ》で試食した。

幼虫、蛹《さなぎ》ともに、ヨーグルトのような舌ざわりで、甘ずっぱい味が口の中に流れ出す。最後に、表皮がザラザラと口の中に残った。

次が幼虫の串焼き、これは、ホクホクとして誠に上等、よく稔った栗のごとし。また、「バター炒め」もさすがに申し分なし。

最後に、これですと出したのが「熊バチ焼酎」なるもの。よくみると、チョコに一杯五〇〇円とある。かなりの価である。

親爺の説明によると、これは、夫婦円満の妙薬という。東京から、わざわざ飲みに来る御夫婦もあるとのこと。それは、あまり話が出来すぎではと、親爺をからかったところ、それまで

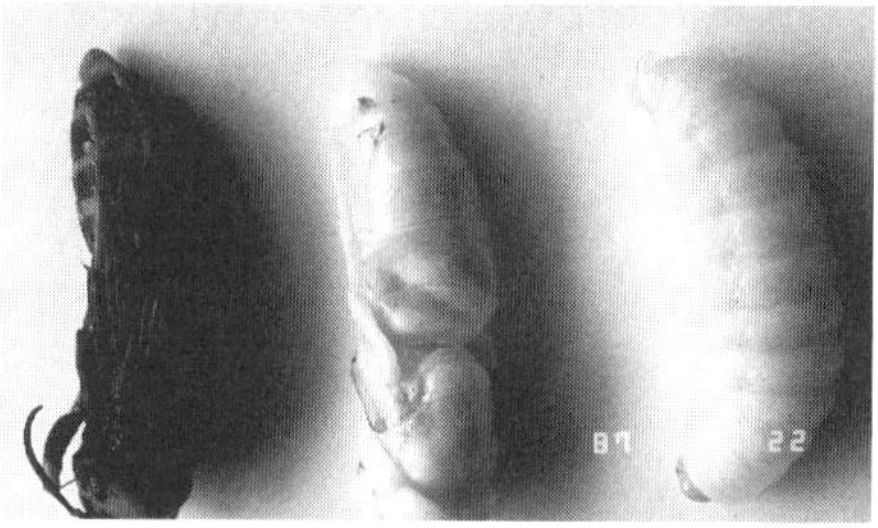

上：ハチの巣、取り出した幼虫
下：成虫、蛹、そして幼虫いずれも４㎝大

あまり話をしなかった女将が、すかさず助太刀に出たのにはびっくり仰天。これも、この焼酎の効き目かと感じ入った次第。

今日は、一人だからと断ったが、とにかく効き目を試せというので、数杯いただいた。味は不明、薬効は東京に帰って来ても発現しなかった。

しかし、いずれにしろ、今回の、「熊ンバチ」は誠にうまかった。

クマンバチこと、帰ってよく調べたところ、やはりスズメバチ（胡蜂）のことであった。

このスズメバチは、日本に一六種いる。一般に知られているのが、キイロスズメバチや、コガタスズメバチ、クロスズメバチ、オオスズメバチである。

スズメバチの女王蜂は、樹皮下や朽ち木に潜り込んで越冬する。その生活史の概略は図の通り。春期、越冬より覚め、巣を作りはじめる。クロスズメバチはモグラやネズミの穴を利用する。秋に働き蜂の数が最大となり、この時期に巣に近づいたり刺激したりすると攻撃される。

年間に刺されて死亡する人が五〇人前後もあるという。毒物質は、ペプチド、酵素タンパク、神経タンパクであることが知られており、スズメバチの毒にはセロトニン、ヒスタミンが多く含まれている。

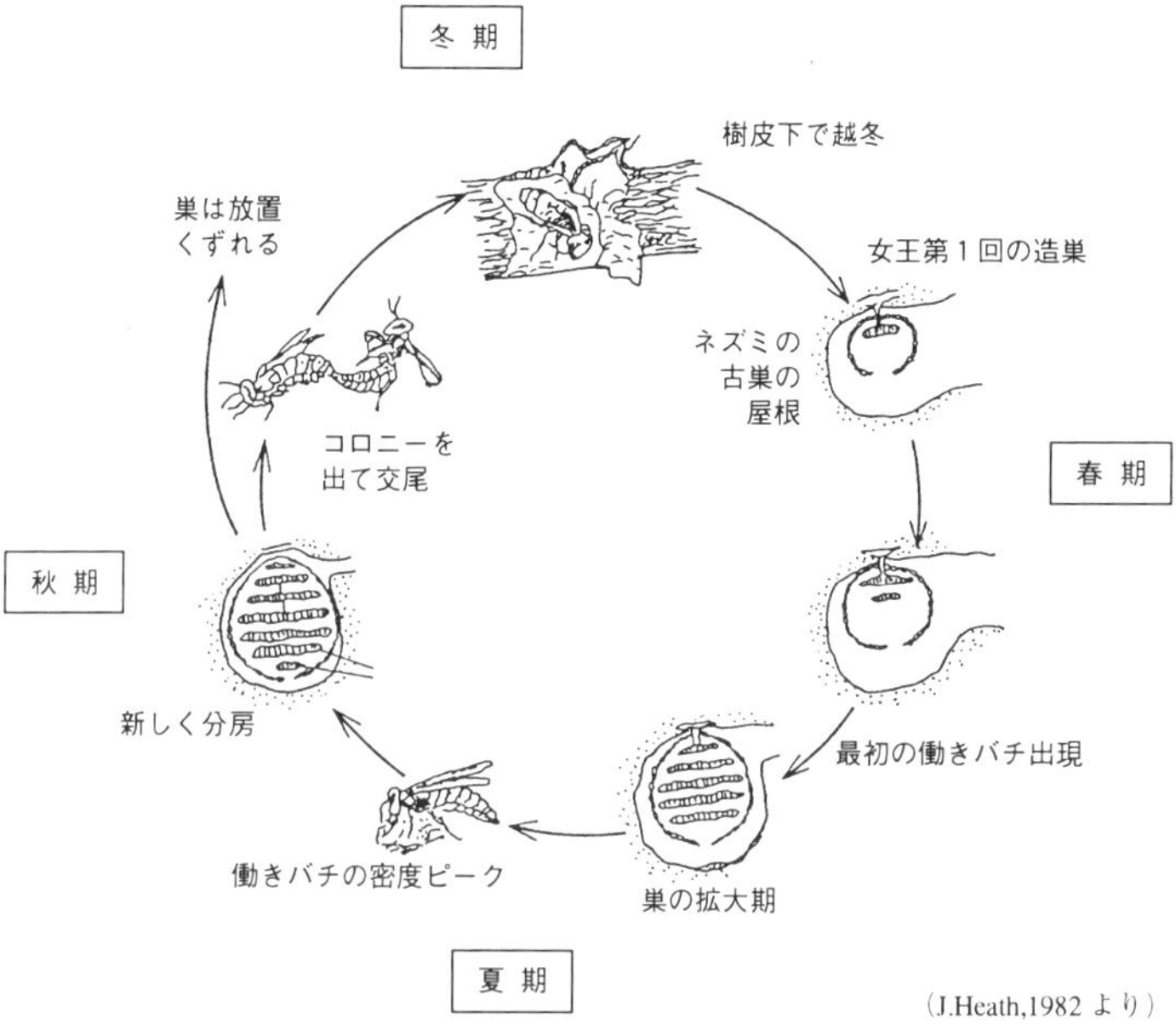

（J.Heath,1982 より）

第１図　オオスズメバチの生活史

スズメバチの薬効？　これは、漢方薬に「蜂房《ほうぼう》」と称し、スズメバチの巣が用いられている。血圧の降下、利尿作用がある。また、幼虫、成虫とも脂肪に富むので、強壮剤になる。なお、消炎、解毒作用もあって、痔疾に幼虫をつぶして坐薬《ざやく》にしても用いるとか、しもやけにも著効があるとされている。

その他に、この巣を焼いて灰にし、酒で服用すると淋病《りんびょう》に著効があるとか。また、幼虫の塩漬けは肺病、百日咳に効果があるとか、用途は広い。

いずれにしろ、生理活性の強い物質が含まれているようだ。参考までに、この蜂料理を自慢にする親爺は、三〇年間も「ケーキ作り」の職人をしていて、一年前、方向を転換したという。なお、傑作は、店の名前が「牛若」。恐るべきは、「熊ンバチ」なり。

（H）

あおむし、青いことはよいことだ

毎日、朝、コップに一杯の青野菜の生ジュースを飲むと健康によいと、これを続けている友人がいる。ただし、言い分によると、この野菜は無農薬栽培のものでなければいけない。したがって、彼は家庭菜園を熱心にやっている。

この冬（一九八八）は、例年にない暖かさが続き、まだ畑に野菜が豊富に残っている。先頃、この青汁氏が、心配そうに「虫」を持参した。どうも、この虫を青野菜といっしょにジュースにして飲んだらしいが、害はないかと念をおした。

若干、面倒臭かったので、これは「あおむし」で人畜に無害のみならず、栄養源になると、その場を誤魔化しておいた。

後になって、少し気になって、『日本幼虫図鑑』をひもといたところ、「あおむし」なるものは載っていなかった。そこで、『辞海』を開いてみると、次のような解説があった。

あおむし　これは青虫、螟蛉と書くようで、「しろちょう」類の幼虫。緑色の「いも虫」で果樹や野菜の害虫であって、モンシロチョウやスジグロシロチョウの類という。

このモンシロチョウ、昔は春を告げる虫として知られ、「テフテフ、テフテフ菜の葉にとまれ」という小学唱歌の一節を想い出させる。最近では、農薬のせいか、あまり姿を見せなくなった。参考までに、この生活史をあげると次のごとくである。

モンシロチョウ（紋白蝶）*Pieris rapae crucivora* は、幼虫の英名を common cabbage-worm、和名の別名をダイコンアオムシともいう。

その発生回数および発育所要日数は次の通り。北海道では、年に二－三回であるが、関東以西は五－六回である。

卵　期…………三－五日
幼虫期…………九－一二日
蛹《さなぎ》　期…………五－一〇日（越冬するものは一五〇日前後）

早いものは、三月中旬より出現する。初夏の頃に、成虫が非常に多くなる。例の「あおむし」現物をみても問題はなさそうで、せっかくの機会でもあるので、早速、「あおむし入り青汁」に挑戦することにし、材料を集めた。

その処方は次の通り。

白菜……………一枚
大根の葉………一葉
パセリー………一枝
セロリー………一本（中程度）
キャベツ………一枚（中程度）
あおむし………一〇匹
水………………コップ一杯

以上をミキサーにかけて調整した。

出来あがりは、メロン・ジュースのようで、美しい緑色でフレッシュであった。さて、飲むとなると若干の抵抗を感じたが、一気に嚥下《えんげ》した。

「味」はといえば、なんとも青臭いが、わずかに甘味がある。とくに連想する類似の食品をというと、にわかに適当なものが思い当たらない。また、「あおむし」の味は感じなかった。念のために、「あおむし」の有無と「味」の差異を、三人の仲間に比較試験をしてもらったが、まったく差がなかった。むしろ、虫入りの方が美味とさえ思える由。

また、害の有無であるが、今のところ、私も三人の仲間も、なんらの変化もないので、悪影響はなさそうだ。したがって、野菜に付着していたものを誤食した程度では、まったく問題にならないといえる。

この結果は、すぐに青汁氏に報告し、安心させてやった。しかし、「あおむし」の効用であるが、関係の文献を調べても、薬効に関する記載がなく、がっかりした。


イラガや九竜虫に薬効があるなら、この「あおむし」にも薬効があってもよさそうだ。春を告げる虫、また、美しい緑の液体をみていると、なんだか若返りや精神爽快作用があるような気がして来た。

ついでに、蛹《さなぎ》の味も試みたが、この「から揚げ」は誠に結構で、酒のつまみになる。ただ、料理をする時に、表皮に傷をつけないと、油に入れた際に、はぜて外観が悪くなる。

今までに、種々の虫を試食したが、一般的に表皮の硬いものに薬効や美味なものが多い傾向にあるようだ。

　また、「味」とは、極めて視覚や先入観に支配されやすいものであることに驚いた。この「あおむし」も、虫に思うからいけないので、春を告げる素材に思えば、山菜として珍重されるふきのとうとなんら、変わるところはない。
（H）

春を告げるスジグロシロチョウ

枯木になる葉、ミノムシの味

きれいに澄んだ冬空を背景に、葉の枯れ落ちた庭木に鈴生りのミノムシを眺めているうち、なんとなく……、

七重八重　花は咲けどもヤマブキの
　みのひとつだに無きぞ悲しき

なる和歌を思い出した。

手にとってみると、コロコロと温かみのある重量感がして、『枕草子』の「虫は」の中で哀れがられているような風情はない。

上：ミノムシがたくさん木になっている
下：ミノムシ

また、中の幼虫は黒褐色で、いかにも栄養価が高そうだ。この「枯木の実」なんとなく食欲がわいて来た。すでに、篠永博士が紹介しているが、再度の挑戦におよんだ。

ミノムシは、ミノガ（避績蛾）科 Psychidae の幼虫の総称で、このグループは三五〇種が知られている。わが国では、ミノガ、ヒメミノガ、ネグロミノガ、オオミノガ、チャミノガが知られている。なお、英名を bagmoth, bag-worm あるいは basketworm ともいい、なじみ深い虫である。

オオミノガ（大簑蛾）*Cryptothelea formosicola* は柿の害虫として知られ、梨、梅、李《すもも》、柑橘、いちじく、びわ、茶、桑などを加害する。

年に一回発生し、幼虫は簑《みの》の中で越冬し、翌春にふたたび食害活動をして、五月上旬より蛹《よう》化《か》、六月中旬頃に羽化し、交尾産卵を行なう。

また、茶の害虫として知られているチャミノガ *C. minoscula* は、前者よりも雑食性で加害範囲は広い。年一回の発生、簑内で幼虫態で越冬するが、翌春に食害をせずに蛹となり、六月中旬から七月上旬にかけて羽化する。

ミノガのおもしろいのは、メスが簔の中で無翅、無脚の幼虫態で生活することである。メスは、簔の中で羽化し、産卵するが産卵を終わる頃に、自分の身体が縮小して蛹の外に脱落して死亡する。なお、産卵数は二－三〇〇〇個といわれる。

簔の内で孵化《ふか》した幼虫は、簔よりはい出し、糸を出して垂下分散する。

さて、今回のミノムシ料理であるが、研究所内の庭木から一〇〇個ばかり採集した。これをていねいに解袋し、黒光りのする幼虫を取り出すが、いずれも一・五センチから二センチの丸々とした立派なものである。

これを、小麦粉に卵黄と少量の水を加えて練り、タマネギ、ゴボウおよびニンジンの細切りを具に一〇〇頭の幼虫を入れて、よく攪拌《かくはん》する。適当な大きさにして、煮えたぎる油の中に落とし、「天ぷら」とした。

出来あがりは上等で、歯ざわりは、ところどころにミノムシが入り、桜エビを入れた天ぷらを感じさせる。

今回は、私の作業に協力してくれた、「赤提灯」の女将と、試食（知らずに）させられた酒友とともに、種子明かしの宴会をした。

宴なかばに、酒友が次の一句を読み、どうしても、この俳句（本人は、そう信じている）を記事にしろという。

いままで、さんざん利用した友人でもあるので、紹介させていただく。

蓑虫を　食べて明るい　囲炉裏ばた

私には、これが俳句とは、とても思えない。

文献によると、このミノムシ（チャミノガ）は、虫歯の薬とか。これを黒焼きにして、その穴につめると痛みがとれるとのこと。

また、肺病の薬にもなるようで、黒焼きにしたものを粉にし、一日三回、一か月も服用すると治る。さらに、心臓病に効果のあるという。ミノムシの幼虫を甘草とともに煎服すると効く。

また、蓑のまま黒焼きにして毎日二〇－三〇頭を食すると著効あるともいう。

心臓に効果があることは、「ミノムシ天ぷら」を食べ、俳句を読んで、これを記事にさせた友人の例からも、実証ずみである。

なお、長い間、臆面もなく連載を続けた私の心臓にも効いたようである。

（H）

虫はあぶない食べ物か

私たちが日常食べている動物性の食物の主なものは、牛肉・豚肉・鶏肉などと魚介類です。この中には昆虫類は入っていません。普通、動物性の食物は、火を通しさえすれば食べても安全です。日本人は、海産の魚介類を刺身などにしてよく食べます。新鮮な魚介類を食べて感染するアニサキスのような寄生虫もありますが、普通の食物からは、寄生虫に感染することはほとんどありません。感染する場合は、これまで生で食べる習慣のなかった魚やカニなどを食べた場合です。たとえば、酔った勢いで食通ぶって生食して感染した「中年のおじさん」がほとんどです。最近の例では、本書に出てくるサワガニ（肺吸虫）、輸入ドジョウ（顎口虫）、ホタルイカ（旋尾線虫）などたくさんあります。それでは、虫を食べた場合にもこのような感染の危険があるのでしょうか。昆虫類を含む節足動物には、ヒトや動物の寄生虫の中間宿主（感染する幼虫を持っている）となるものがあります。たとえば、ミール・ワームは、本来はネズミの寄生虫ですがヒトにも寄生する小形条虫や縮小条虫の中間宿主です。この他、ネズミの条虫の感染源となるものは多く、ほとんどの貯蔵穀物、干物や菓子の害虫（甲虫類、蛾の幼虫）などもそうです。サワガニは、前述のように宮崎肺吸虫のメタセルカリアという感染型の幼虫を持っています。サワガニを生で食べる習慣は日本人にはありません。サワガニはから揚げなどにして食べれば安全な食物です。普通には食卓にのらない虫をあやまって食べることもあります。ニクバエ類は、卵ではなく幼虫を産みます。夏など、料理した食物を食卓に置いて数分間、目を離したすきに、数十四の幼虫を産んでいきます。すると、今まで自分が火を使って料理していたのを忘れて、買ってきた材料に蛆がいたとお店にクレームをつける主婦もいます。生蛆入りの料理は、腹痛の原因にもなりますが、一過性で、それほど危険ではありません。引出しなどに置き忘れたチョコレートなどの菓子類にコナダニが発生することもあります。コナダニ類は一〇日くらいで卵から成虫にまで発育するので、油断できません。しかし、これらを食べても、たいていは知らない間に体を通り過ぎてしまうので、心配することはありません。共著者の林さんは、ゴキブリの刺身（?･）に挑戦しました。ゴキブリは鉤頭虫というブタやネズミの寄生虫の中間宿主となります。これはヒトにも寄生しますが、日本人の症例はいまだにありませんでした。もしも、感染したら日本人で最初の症例として、学会に報告できるのを楽しみにしていたのですが、残念ながら（?･）感染していませんでした。いずれにせよ、「虫」を食べてみようとするなら、「火」を通すことです。たいていの虫は、火を通せば安全といえます。

（S）

あとがき

本書は、一九八五年から一九八八年までの三年間、南山堂から発行している『薬局』という月刊誌に「食味昆虫学」という題で連載したものに若干の加筆修正をしてまとめたものである。連載のきっかけは、当時、林さんが出版した『害虫防除の実際と殺虫剤』という本の編集担当であった南山堂の山田克彦氏を招いて一献傾けていた時、われわれが「あの虫は食べられる」とか、「あれは美味しい」などと話しているのを聞いて、『薬局』に連載してほしいと依頼されたからである。原則として、毎月交替で書くことにしたが、二か月は意外に速くやってくるもので、材料の選択には苦労した。雑誌の性格上、生薬の話が多くなり、薬臭くなった部分もあるが、ただ単に食べるだけでなく、少し屁理屈を入れて、自分たちではサイエンティフィックにまとめたつもりのところもある。

本書をまとめるにあたり、南山堂の『薬局』編集部、並びに本書刊行のきっかけをつくってくださった全国農村教育協会の仮谷道則、八坂書房の安達裕之の各氏、担当の中居恵子さんに謝意を表します。

一九九六年秋

篠永 哲

新装版によせて

本書の初版が発行されたのが一九九六年であるから、すでに十年が経過したことになる。この間に、内容や字句の訂正などをして六刷までになった。また思いがけない書評があったり、読者の方々の批評やお褒めの手紙なども多数受け取った。なかには、「電車の中で読んでいて思わず笑ってしまいまわりを見わたした。この本は電車の中ではとても恥ずかしくて読めない」などというのもあった。

この度、新装版を発行するに際し改めて読みなおしてみて、当時食材を得た地域の環境がここ十年間で急速に変遷したことを痛感した。雑木林は切り開かれて宅地になり、道路は隅々まで舗装されてしまい、河川の土手は、コンクリートで被われ魚や水生昆虫も減少してしまった。保護林という名で保護された雑木林は、鬱蒼とした森になり薄暗くて虫も生息できない環境となっている。休耕田が増えて荒れ地になっている所も多い。このほか、以前と変わらないが野菜や果樹への殺虫剤散布の影響で虫がとても少なくなった。

実は、新装版発行に際して食味体験を増やそうというプランもあったのだが、食材となりそうな虫を集めるのがとても困難であった。本書にすでに記載しているミノムシ（オオミノガ）は、十数年前に中国から入ってきたヤドリバエの寄生によりほとんど絶滅状態となっている。キャベツ畑に行っても以前には乱舞していたモンシロチョウはほとんどいなくなり、幼虫のアオムシも見られなくなった。

このようなわけで、本書の原則としていた「捕まえて、料理して、食べてみる」ということがむずかしくなってしまった。都会でも田舎でも身のまわりにいっぱい虫がいた頃が懐かしい。

（篠永　哲）

マ　行

ヤ　行・ラ　行・ワ

ナ　行

ハ　行

サ　行

タ　行

カ　行

ア 行

索　引

著者紹介

篠永　哲（しのなが・さとし）

1936年生まれ。1959年愛媛大学文理学部理学科卒。1965年より東京医科歯科大学医学部医動物学講座助手、1976年より同講師、1982年より同助教授、2002年定年退官。現在同大学非常勤講師。医学博士。

1980年4月　日本衛生動物学会賞受賞

【主な著書】

『ハエ—生態と防除—』（共著）文永堂出版（1979）、『不快害虫とその駆除』（共著）日本環境衛生センター（1987）、『ハエ・蚊とその駆除』日本環境衛生センター（1990）、『野外の害虫と不快な虫』（共著）全国農村教育協会（1994）、『海外旅行のための衛生動物ガイド』（共著）全国農村教育協会（1996）、『日本の有害節足動物』（共著）東海大学出版会（1997）、『節足動物と皮膚疾患』（共著）東海大学出版会（1999）、『ハエ — 人と蠅の関係を追う —』八坂書房（2004）など。

林　晃史（はやし・あきふみ）

1934年生まれ。1956年静岡大学農学部卒。1959～75年、大正製薬㈱研究部勤務。1975年より千葉県衛生研究所医動物研究室長、1989年より同研究所次長を経て、1994年退職。現在、防虫科学研究所長、東京医科歯科大学医学部講師。農学博士。医学博士。

1971年4月　日本衛生動物学会賞受賞

【主な著書】

『家庭用殺虫剤学概論』（共著）北隆館（1974）、『ハエ—生態と防除—』（共著）文永堂出版（1979）、『薬剤抵抗性』（共著）ソフトサイエンス社（1983）、『総合公衆衛生学』（共著）南江堂（1978）、『内科学』（共著）朝倉書店（1995）、『新しい害虫防除のテクニック』南山堂（1983）、『害虫防除の実際と殺虫剤』南山堂（1995）、など。

虫の味［新装版］

2006年11月20日　初版第1刷発行

著　者　篠　永　　哲
　　　　林　　晃　史

発行者　八　坂　立　人

印刷所　三協美術印刷㈱

製本所　ナショナル製本協同組合

発行所　㈱八　坂　書　房

〒101-0064 東京都千代田区猿楽町1-4-11
TEL 03-3293-7975　FAX 3293-7977
http://www.yasakashobo.co.jp

ISBN 4-89694-877-7